알고 보면 잘 보이는 이끼 이야기

실내에서
이끼 키우기

이선희

저에게 일상이란 적응하기 힘든 육아와 집안일의 반복이었습니다. 무기력하고 우울한 느낌을 받아도 뭘 어떻게 해야 하는지 알 수 없었고, 이것이 내 몸을 혹사하고 있다는 것도 깨닫지 못했습니다. 그 시간이 지나 제게 '휴식'을 줄 수 있는 여유가 생기자 지쳐있던 몸과 마음을 건강하게 만들 곳을 찾기 시작했습니다.

산과 들을 다니며 그 속에서 이끼라는 작은 숲을 만나게 되었습니다. 이끼는 정말 가까운 보도블록부터 산속, 나무 밑동 등 어디에나 있었습니다. 이런 곳을 누가 봐주나 하는 구석에서도 이끼는 그 개성을 뽐내고 있었습니다.

비록 작은 이끼라지만, 이끼의 색은 심리적인 안정감을 주었고, 생소한 이끼를 알아갈수록 배우는 기쁨을 느꼈습니다. 특히 정성스럽게 키운 이끼가 잘 자란 모습을 볼 때 그 보람은 이루 말할 수 없습니다. 마치 내 마음에 따뜻한 온기를 불어넣는 기분입니다.

이끼는 단순한 취미생활을 넘어 다양하게 응용되고 있습니다. 지금은 대부분 인삼 포장이나 원예용으로 쓰이고 있지만, 오래전에는 상처 치료제나 침대 시트 또는 기저귀로 쓰였다는 기록이 있을 만큼 인류가 여러 용도로 사용해 왔습니다. 그러나 이끼의 이용가치는 이것이 전부가 아니라고 생각합니다. 일본처럼 이끼 정원을 관광자원으로 활용하거나, 보조재료로 사용하던 이끼 자체가 주가 된 화분이나 미니 정원 상품을 판매할 수도 있다고 생각합니다.

이제는 이끼를 즐기는 시대입니다. 이끼를 잘 가꾸고 감상하기 위해서는 먼저 이끼의 이름과 생태에 대한 호기심을 가지는 것이 중요합니다. 이 책이 이끼를 알아가는 과정의 첫걸음이 되기 바랍니다.

박웅택

이 책을 쓰면서 생각을 해봐도 언제부터 자연을 좋아했는지 모르겠습니다. 자연 그 자체가 너무 신비롭고 흥미로웠습니다. 자연에서 살아가는 동식물을 알고 싶은 마음에 책과 인터넷을 통해 조사하고 직접 찾으러 다니며 눈으로 몸으로 배웠습니다.

사람들은 자연을 당연하게 여기곤 합니다. 우리가 바꿔버린 생태계의 아우성은 쉽게 외면당하곤 합니다. 그래서인지 저는 제 주변 생물들에게 원래 살던 곳 같은, 그 이상의 환경을 만들어주고 싶었습니다. 그들을 위한 작은 공간들을 만들어나갔습니다. 열심히 생물과 환경을 공부하고, 작은 공간 속에 구현시키기 위해 노력했습니다. 그중 제일 매력 있지만 어려웠던 것이 이끼였습니다. 그렇게 15년이 넘는 세월 동안 실패와 도전을 이어왔고 '이끼 조경가'가 되었습니다.

저의 조경관은 '정성을 다하자.'입니다. 큰 숲도 좋지만, 작고 섬세한 관찰이 필요한 이끼, 양치식물, 작은 양서류, 파충류 같은 생물들을 더 좋아합니다. 작은 것을 연구하려면 정성을 다해 더 집중해야 합니다. 그래야 아름답게 성장해나갈 수 있으니까요.

저는 이끼만의 특별한 감성이 있다고 생각합니다. 길가에 흔히 보이는 이끼가 내 방에서 자라고 있다는 것은 아주 이색적이고 특별한 경험일 것입니다. 이끼를 키우고 싶어도 생각보다 키우기 어렵고 정보도 찾기 어려울 겁니다. 이 책을 통해 이끼에 대한 정보와 관리법 등을 차근차근 알려드릴 테니 신비로운 이끼의 세계에 한 번 빠져보는 건 어떨까요?

목차
Contents

이끼 속으로

길을 걷다가 융단 같은 질감의 초록색이 보이면 몸을 숙여 유심히 들여다보신 적 있으신가요? 또는 외국을 여행하다가 이끼로 꾸며진 정원을 보고 감탄하신 적이 있나요? 아니면 인적이 드문 깊은 산속에서 작은 폭포와 함께 펼쳐진 초록빛 이끼 계곡을 보고 감동하신 적은요?

참 신기한 것은 이끼는 같은 풍경 속에 있지만 관심 있는 사람에게는 보이고, 관심 없는 사람한테는 잘 보이지 않는다는 거예요. 여러분 눈에는 이끼가 잘 보이시나요?

이끼에게 빠지게 된다면 일상생활에서도 이끼를 쉽게 찾아보고 알아보실 수 있을 겁니다. 이 책은 여러분을 이끼의 세계로 안내할 준비를 마쳤습니다. 그럼 이끼를 즐기러 함께 가 보실까요?

• 1 이끼도 식물인가요? •

수초에 붙은 조류

마리모

이끼는 지금으로부터 약 5억 년 전, 지구의 생명체 중에서 최초로 육상에 정착한 생물입니다. 엽록소를 가지고 있어 녹색을 띠고, 광합성을 통해 영양분을 스스로 만들 수 있기 때문에 식물로 분류가 됩니다.

이끼와 혼동되는 비슷한 식물로는 조류와 지의류, 양치류 등이 있습니다. 조류라고 하면 가장 먼저 떠오르는 것이 농수로같이 얕은 물 속에서 머리카락처럼 길게 늘어져 있는 녹색의 실 같은 해캄이죠. 물고기 키울 때 수족관 유리벽이나 수초 잎 등에 녹색이나 갈색의 실 같은 것이 생기는 것을 볼 수 있습니다. 흔히 이끼가 꼈다고 표현하지만 이것도 사실은 조류입니다. 우리가 잘 아는 동글동글한 마리모도 조류의 일종이랍니다. 인테리어 소품으로 많이 쓰이는 스칸디아모스도 이름은 모스(Moss)이지만 이끼는 아닙니다. 추운 지방에 사는 수지상 지의류의 일종인데 염색을 해서 판매하는 업체의 상품명입니다. 원래의 색은 이끼처럼 초록색이 아니라 옅은 회색입니다.

양치류 중에서도 이끼와 비슷한 것을 찾아볼 수 있습니다. 부채괴불이끼나 괴불이끼가 그런 것이죠. 이름은 이끼지만 이끼가 아니랍니다. 크기가 작고 이끼가 많은 곳에 섞여 자라기 때문에 사람들이 이끼로 오해하기도 하지만, 이들은 모두 고사리와 같은 양치류에 속하는 식물입니다.

스칸디아모스

괴불이끼

이끼와 함께 자라고 있는 지의류

부채괴불이끼

이끼는 이들과 어떻게 다를까요?

이끼가 조류와 다른 점은 육지로 나와있다는 것입니다. 조류는 물 속에서만 살며, 물 밖으로 나오면 말라버립니다. 물이끼(수태) 종류는 이름 때문에 물속에서 사는 것처럼 오해되기도 하지만 주로 물이 많은 늪지대에서 발견되어 물이끼라고 합니다. 잎이나 줄기의 대부분이 물 밖으로 나와 있답니다.

어쨌거나 조류는 물 밖으로 나오면 형체도 유지하기 힘듭니다. 또한 포자를 만들 수도 없죠. 포자를 만드는 것은 이끼를 포함한 고사리나 버섯, 곰팡이처럼 바람에 날려 자손을 퍼뜨릴 수 있도록 진화한 육상식물의 번식법입니다.

지의류는 또 어떨까요? 일단 모양으로 봤을 때 지의류는 줄기나 잎으로 보이는 형태가 없습니다. 색깔도 녹색뿐만이 아니라 흰색, 검은색, 붉은색, 청록색 등 다양합니다. 그리고 조류와 균류가 공생하는 형태라서 완전히 식물로 보기는 어렵고, 이끼 같은 식물과 버섯 같은 균류의 중간쯤 되는 생명체라고 할 수 있습니다.

마지막으로 이끼가 양치류를 비롯한 다른 관속 식물과 다른 점은 관다발이 없어 뿌리에서 물을 흡수해 잎으로 보내는 기능이 없다는 것입니다. 이끼에 달린 뿌리는 헛뿌리로, 바위나 흙 속에 자신의 몸을 고정하기 위한 목적으로 달려 있는 것입니다. 물의 흡수는 잎과 줄기를 포함한 식물체 전체에서 일어납니다. 이끼가 주변에 물이 있고 습도가 높은 곳을 선호하는 이유가 바로 이것이죠. 또 흙에서 물이나 양분을 흡수하지 않기 때문에 흙이 없는 바위나 나무껍질처럼 다른 식물이 살기 어려운 곳에서도 살 수 있다는 장점이 있습니다.

이상을 간단하게 그림으로 나타내 보겠습니다.

이끼(선태류)의 계통 구분

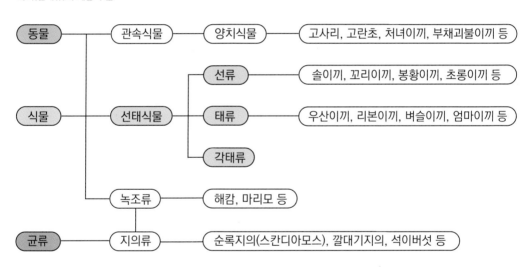

물론 물 속에 사는 이끼를 보신 분도 있을 수 있습니다. 수족관에서 수초와 함께 키우는 소위 모스라고 불리는 것들이죠. 그러나 이것들은 원래 물속에서 살던 이끼라기보다는 물 밖에서 자라던 것을 수족관에 넣기 위해 수초처럼 길들인 것입니다. 원래 물과 가까운 식물이다 보니 일부 종류는 다시 물속에서 살도록 적응시킬 수도 있습니다. 일부 수초들도 그렇게 해서 수중화를 합니다.

(1)

2 선태류에 대하여

이끼에 대해서 더 자세히 알아볼까요?

이끼 종류를 통틀어 선태류(蘚苔類)라고 하는데, 생긴 모양에 따라 크게 세 가지로 나눌 수 있습니다. 선태류라는 이름처럼 '선류'와 '태류' 그리고 '각태류'로 구분합니다.

각태류

각태류는 다른 말로 '뿔이끼'라고 합니다. 넓은 잎 같은 엽상체(葉狀體) 위에 뾰족한 뿔같은 것이 솟아 있어서 붙은 이름입니다. 나중에 이 뿔이 길어지면서 포자체가 되고 포자를 뿌리게 됩니다. 포자체가 자라지 않은 각태류는 넓은 잎 모양의 엽상체만 보여서 얼핏 보면 태류와 혼동하기도 합니다. 종류가 다양하지 않은데다 주변에서 흔히 볼 수 없어 생소하게 느껴질 수 있습니다.

태류

태류는 우산이끼로 대표되는 이끼의 종류입니다. 줄기와 잎이 명확하게 구분되지 않고 경계도 뚜렷하지 않은 넓은 잎이 특징입니다. 하지만 태류는 우산이끼 종류만 있는 것은 아닙니다. 세줄이끼나 날개이끼 같이 잎과 줄기가 구분이 되는 이끼들도 있습니다. 그렇지만 여전히 선류에 비해 잎의 모양이 허술하고, 식물체가 부드럽고 연약해 쉽게 물러지기도 합니다. (리본이끼도 우산이끼처럼 줄기와 잎의 구별이 없는 엽상체 이끼입니다.)

태류도 삭이 있지만 삭모나 삭치가 없고 대신 탄사라는 용수철 모양의 조직이 있어서 건습에 따라 늘었다 줄었다 하면서 포자를 뿌립니다. 그리고 삭과 삭병의 조직이 연해서 포자를 뿌리고 나면 바로 녹아 없어집니다. 태류는 선류보다 좀 더 그늘지고 축축한 곳에서 잘 자랍니다.

각태류(뿔이끼)

우산이끼

리본이끼

둥근날개이끼

꼬마이끼

침작은명주실이끼

들솔이끼 수그루

들솔이끼 암그루

선류

선류는 솔이끼로 대표되는 이끼의 종류입니다. 이끼 중에서는 가장 진화한 형태라고 볼 수 있으며, 뿌리(헛뿌리)와 줄기, 잎이 비교적 뚜렷하게 구분이 됩니다. 대부분 선류의 잎에는 중륵이라 불리는 잎맥이 있습니다. 선류 중에는 솔이끼나 들솔이끼처럼 암그루와 수그루가 따로 있는 종도 있고, 꼬마이끼나 침작은명주실이끼처럼 한 개체에 두 기능을 하는 부분이 있기도 합니다.

솔이끼 같은 종류를 '암수딴그루'라고 하고 꼬마 이끼 같은 종류를 '암수한그루'라고 합니다. 암수한그루인 이끼는 정자와 난세포가 가까워서 수정될 확률이 높기 때문에 삭이 매우 잘 생기는 편입니다. 어떤 이끼는 삭이 띄엄띄엄 있는데, 어떤 이끼는 몸체가 안 보일 정도로 삭이 빽빽하게 나는 것을 볼 수 있죠. 이런 종류는 암수한그루일 가능성이 높습니다. 침작은명주실이끼는 이런 특징이 가장 두드러진 이끼입니다. 잎이나 줄기가 작고 잔디밭 같은 곳에서 주로 자라기 때문에 풀 등에 가려져 평소에는 별로 눈에 띄지도 않습니다. 그런데 삭이 나면 온통 삭만 보이면서 세상이 침작은명주실이끼로 뒤덮인 듯이 존재감을 드러내죠.

솔이끼

표주박이끼 　　　구슬이끼

선류의 삭모와 삭치

선류의 삭에는 삭모와 삭치라는 기관이 있습니다. 삭모는 삭의 모자라는 뜻으로 삭이 성숙되는 동안 삭을 덮어서 보호해줍니다. 삭이 다 익으면 삭모가 벗겨지고 뚜껑처럼 생긴 삭개도 열립니다.

그때 삭의 끝에 삭치라고 하는 길쭉한 모양의 돌기들이 나타나는데, 삭 안에 있는 포자가 한꺼번에 다 쏟아져 나오지 않고 조금씩 나와 바람에 날리도록 하는 역할을 합니다. 삭치는 이끼의 종에 따라 특징적인 모양을 가지고 있기 때문에 이끼 종을 판단하는데 매우 중요한 역할을 해 줍니다.

선류의 삭병(삭의 줄기)은 태류와는 달리 가늘지만 단단해서 쉽게 물러지지 않습니다. 그래서 삭과 삭병으로 이루어진 포자체는 태류처럼 며칠 만에 사라지는 것이 아니라 수 개월간 남아 있으면서 장기간에 걸쳐 포자를 퍼트릴 수 있습니다.

삭은 보통 둥글거나 원통 모양을 하고 있지만 수세미이끼나 표주박이끼, 두루미이끼처럼 독특한 모양의 삭이 달려서 그 모습을 보고 이끼의 이름을 짓는 경우도 있습니다. 구슬이끼도 그런 경우인데 동그랗고 구슬같은 모양의 삭이 달리는 구슬이끼는 삭 자체가 멋진 감상 포인트가 되기도 합니다.

삭모가 씌워진 삭

삭모가 씌워진 삭(반대쪽 모습)

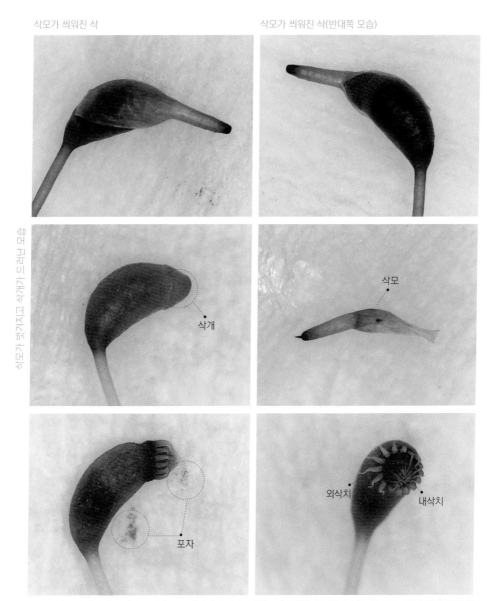

삭개

삭모

외삭치

내삭치

포자

삭개도 떨어져 나가면 삭치가 드러나고 포자가 나옵니다. 삭치는 내삭치와 외삭치가 있고, 건습에 따라 열렸다 닫히기를 반복하며 포자의 방출을 조절합니다.

3 이끼의 생김새와 각부 명칭

이끼에 관심 있는 사람들이 가장 궁금한 것은 이끼의 이름입니다. 이것이 무슨 이끼인지 알기 위해서 도감을 펼치게 되는데, 거기엔 보통 이렇게 적혀 있습니다. '잎은 선상피침형이고 중륵이 잎끝까지 닿아 있으며, 전연이다.' 무슨 말인지 이해가 가시나요? 여기서부터 초보자들은 당황하게 되면서 이끼에 대한 관심도가 떨어져 버리기도 합니다. 이끼 관련된 용어는 일본의 도감이나 논문에서 유래된 학술용어를 그대로 번역한 것이 많아 한번 들으면 생소한 느낌이 많이 들고 어렵다고 느껴집니다. 우리나라도 이끼에 관심 갖는 사람이 많아져서 연구를 하다 보면 용어도 좀 더 쉽게 바뀌지 않을까요? 그래서 이번 장에서는 선류를 중심으로 이끼의 생김새와 각부 명칭에 대해서 많이 쓰이는 용어 위주로 간략하게 설명하려고 합니다.

직립성 이끼와 포복성 이끼

식물분류학적 구분방법은 아니지만, 생김새에 따라 선류는 줄기가 바로 서는 직립성(直立性) 이끼와 바닥을 따라 기는 포복성(匍匐性) 이끼로 크게 나눌 수 있습니다. 직립성 이끼는 솔이끼, 철사이끼, 꼬리이끼, 참꼬인이이끼 등이 있습니다.

적립성 이끼의 각부 명칭을 그림으로 확인해 볼까요?

산솔이끼

철사이끼

직립성 이끼의 각부 명칭

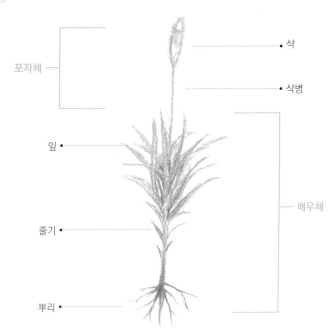

포자체 {
삭
삭병

잎

배우체 {

줄기

뿌리

큰꼬리이끼

참꼬인이이끼

봉황이끼의 삭

보리알이끼

　직립성 이끼는 바닥에 뿌리를 박고 몸을 세워야 하기 때문에 뿌리(헛뿌리)가 깊은 편입니다. 그럼에도 불구하고 줄기가 약해 넘어지기 쉽기 때문에 서로 기댈 수 있도록 여러 개체가 빽빽이 모여서 나는 경우가 많습니다. 이끼가 모여서 나는 것은 습도 유지에도 유리합니다.

　삭병은 삭의 자루를 말합니다. 삭병의 끝에 삭이 달리고 보리알이끼나 곰이끼처럼 삭병이 매우 짧거나 없는 경우도 있지만. 그 대신 삭을 감쌀 수 있도록 삭 주위의 잎(포엽)이 길게 자란 것을 볼 수 있습니다. 보통 직립성 이끼는 배우체 끝에서 포자체가 자라는 경우가 많은데, 다 그런 것만은 아닙니다. 봉황이끼는(살짝 누워 자라긴 하지만) 줄기 중간에서 삭이 나오는 모습을 볼 수 있습니다.

　포복성 이끼는 흙이 별로 없는 나무나 바위 표면에서 많이 발견되는데(양털이 끼류, 깃털이끼류 등이 여기에 해당), 줄기가 바닥을 따라 기면서 자라기 때문에 서로 엉켜 있어 개체 하나하나를 분리해내기가 쉽지 않습니다. 헛뿌리도 별로 깊지 않아 조금만 뜯어내려고 하면 뭉텅이로 붙어서 떨어져버립니다.

양털이끼

아기양털부리이끼

아기주목이끼

털깃털이끼

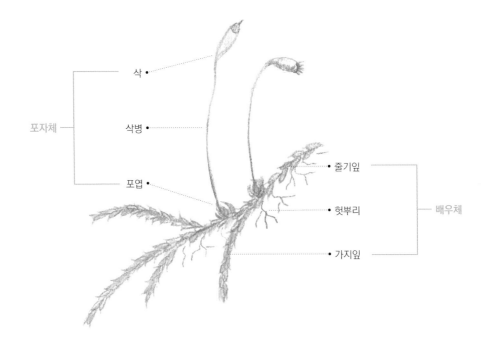

삭 •

포자체

삭병 •

줄기잎 •

포엽 •

헛뿌리 •

배우체

가지잎 •

 포복성 이끼의 각부 명칭을 그림으로 나타냈습니다.

 바닥에 붙어서 기는 줄기의 잎을 줄기잎, 줄기에서 갈라져 나온 가지에서 자라는 잎을 가지잎이라고 부르며 가지에서 또 가지가 나오는 경우도 있어서 1차 줄기, 2차 줄기라도 부릅니다.

 서리이끼속이나 덩굴초롱이끼속은 조금 애매합니다.

 민서리이끼 같은 경우1차 줄기는 누워있다가 2차 줄기는 솔이끼처럼 서 있는 모습이라 직립성으로 구분하고, 들덩굴초롱이끼와 같은 덩굴초롱이끼속의 이끼는 직립성과 포복성을 둘 다 가지고 있습니다. 일반적인 모습에서 보이는 기는 줄기가 포복성이고, 그 사이에서 좀 더 잎이 큰 직립성의 생식 줄기를 종종 볼 수 있습니다.

민서리이끼

서리이끼

들덩굴초롱이끼의 포복성 기는줄기

들덩굴초롱이끼의 직립성 생식줄기

잎과 관련된 용어

이번에는 잎의 각부 명칭을 알아보려고 합니다.

잎의 구조에 관련한 용어

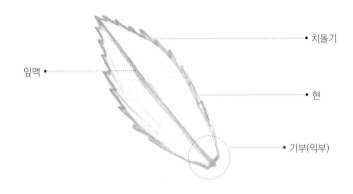

선류의 잎에는 가운데 잎맥이 있는 경우가 많은데 다른 말로 '중륵(中肋)'이라고
도 합니다. 이 잎맥이 잎끝까지 있는지, 중간에서 끝나는지, 없는지 등을 가지고
이끼의 종을 판별할 수 있습니다.

잎 가장자리 부분은 '현(舷)'이라고 부르는데, 현에 삐죽삐죽 톱니같이 생긴 것을
'치돌기(齒突起)'라고 부르고 치돌기가 없이 매끈하면 '전연(全緣)'이라고 합니다.
그리고 잎이 줄기에 붙는 부분을 '기부(基部)'라고 부르며 잎맥을 제외한 기부의
양 옆을 익부(翼部)라고 부르는데, 특히 솔이끼과를 보면 익부가 넓게 발달한 것
을 볼 수 있습니다.

현미경이 있다면 잎의 세포까지 볼 수 있습니다. 이끼의 잎은 한 층의 세포로
이루어져 있어서 별다른 처리 없이도 배율만 높으면 세포가 보입니다. 세포의
모양이나 돌기 등의 특징을 확인하면 이끼의 종을 좀 더 정확하게 판별할 수 있
어 주름솔이끼라면 중륵을 따라 이어지는 라멜라 구조까지 확인할 수 있습니다.

잎의 모양을 나타내는 용어

선류 잎의 모양

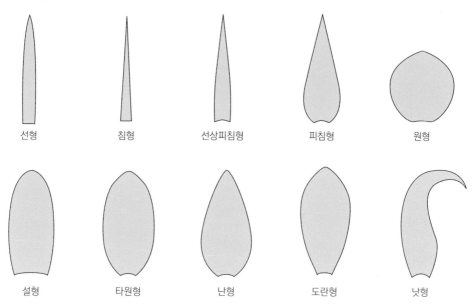

선형   침형   선상피침형   피침형   원형

설형   타원형   난형   도란형   낫형

1. **선형** : 전체적으로 일정한 폭으로 가늘고 긴 모양

2. **침형** : 가늘고 끝이 뾰족한 모양

3. **선상피침형** : 잎의 중간까지는 폭이 일정하다가 끝 부분에서 길게 뾰족해지는 모양(솔이끼, 들솔이끼, 구슬이끼)

4. **피침형** : 창끝처럼 기부쪽은 약간 넓고 끝이 길게 뾰족해지는 모양(주름솔이끼, 꼬마이끼, 비꼬리이끼, 봉황이끼)

5. **원형** : 둥근 모양(쥐꼬리이끼)

6. **설형** : 혀모양으로 잎이 넓고 끝이 뾰족하지 않음 (담뱃잎이끼, 구리이끼)

7. **타원형** : 원형보다 조금 긴 형태(큰잎덩굴초롱이끼, 덩굴초롱이끼)

8. **난형** : 타원형에 가깝지만 달걀처럼 잎 기부쪽이 조금더 볼록하고 잎 끝은 좁아지는 형태(가는참외이끼, 표주박이끼, 납작맥초롱이끼, 들덩굴초롱이끼, 기름종이이끼)

9. **도란형** : 난형이 거꾸로 된 모양. 기부쪽이 가늘고 잎 끝이 넓음(줄미선초롱이끼, 좁은초롱이끼)

10. **낫형** : 낫 모양으로 옆으로 휘는 모양(꼬리이끼, 비꼬리이끼의 마른 잎)

이 밖에도 타원상피침형, 난상피침형 등의 용어가 있는데 선상피침형(선형+피침형)처럼 두 종류의 잎모양이 합쳐진 것으로 이해하시면 됩니다.

4 이끼의 한살이

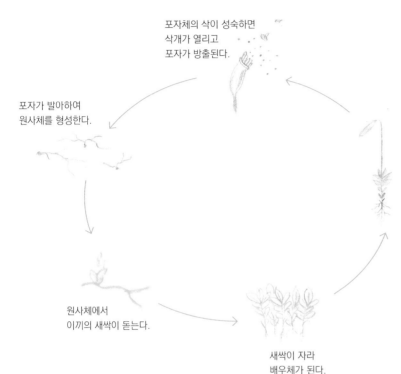

포자체의 삭이 성숙하면
삭개가 열리고
포자가 방출된다.

포자가 발아하여
원사체를 형성한다.

배우체의 난세포와
정자가 만나 수정이 되면
포자체를 형성한다.

원사체에서
이끼의 새싹이 돋는다.

새싹이 자라
배우체가 된다.

이끼가 처음 어떻게 생겨나고 번식하는지 선류 이끼의 한살이(life cycle)를 통해 알아봅시다.

이끼 배우체에는 수그루와 암그루가 있습니다. 이런 경우를 '암수딴그루'라고 하는데 암수한그루의 경우에는 하나의 배우체에 장정기(antheridium, 藏精器)와 장란기(archegonium, 藏卵器)를 모두 가지고 있습니다. 이 수그루의 장정기에서 정자를 만들고, 암그루의 장란기에서는 난세포를 만듭니다. 정자가 빗물이나 이슬 등을 타고 이동하여 난세포에 도착하면 수정이 되는데, 이렇게 해서 수정된 배(胚)는 포자체를 형성하여 삭을 만들게 됩니다.

    포자체 끝부분에 생긴 삭 안에서 포자가 만들어지며, 점점 부풀게 됩니다. 삭이 성숙하면 삭모와 삭개가 벗겨지고 삭 안에 있던 포자가 바람에 날려 이곳저곳으로 퍼지게 됩니다.

    알맞은 환경에 떨어진 포자는 발아해서 원사체(原絲體)라는 녹색 실 같은 것을 만듭니다. 원사체는 미세한 조류와 같은 모양인데, 이미 엽록체를 가지고 있어 광합성을 통해 양분을 만들어 생존합니다. 어느 정도 크기가 커지면 거기서 새싹이 자라 우리가 보는 이끼의 모습인 배우체가 됩니다. 배우체가 모여서 자라면 수분을 유지하기 좋고, 가까운 곳에 암수가 있다면 수정될 확률이 높아지기 때문에 주로 군락을 형성해 자랍니다.

    이렇게 이끼는 새로운 사이클을 시작하게 됩니다.

1 이끼 탐방을 위한 TIP

모기 기피제

자연 속에 있는 싱싱한 이끼를 보고 싶다면 날씨를 잘 골라서 가는 것이 중요합니다. 건조한 날은 이끼가 볼품이 없고 무슨 이끼인지 알아보기도 어렵기 때문에 괜히 실망하게 될 수 있습니다. 초록의 싱그러운 이끼를 만나려면 비 온 후 2~3일 이내에 이끼 탐방을 하는 것을 추천합니다.

광합성을 하는 이끼의 특성을 고려해 빛이 잘 드는 곳에 가도 좋습니다. 하지만 직사일광이 바로 비추는 곳이라면 쉽게 건조해져서 이끼가 잘 자라지 못한 곳일 수 있으니 이런 곳은 피해서 탐방을 하는 것을 추천합니다.

여름에 이끼를 탐방할 때는 모기에 주의하세요. 이끼 주변에는 모기가 많으니 긴 옷과 기피제 등을 사용해 최대한 물리지 않도록 준비하고 탐방을 시작하는 것이 좋습니다.

이끼를 보러 가기 전에 한 가지 당부드리고 싶은 것이 있습니다.

이끼가 한 장소에 자리 잡고 자라기까지는 수 년~수십 년의 세월이 필요하지만 사람들이 훼손하는 것은 순식간에 일어납니다. 관찰 목적으로 이끼를 소량 채집하는 것은 괜찮지만 넓은 면적을 한 번에 뜯어 버리면 회복이 어렵기 때문에 다시는 그곳에서 이끼를 볼 수 없을지도 모릅니다.

특히 바위에서 자라는 이끼를 뜯어서 다른 곳에 심으면 거의 100% 죽게 됩니다. 땅에서 나는 이끼라도 환경이 바뀌면 오래 버티지 못합니다. 그러니 예쁘다고 마구 캐오기 보단 그 자리에서 자라도록 두고 가끔 보러 간다면 더 오래 이끼를 즐길 수 있습니다. 이끼를 집에서 키우고 싶다면 판매용 이끼를 사는 것을 추천합니다. 환경 변화도 적고 벌레도 없어 키우기가 더 편하답니다. 그래도 굳이 직접 채집해서 이끼를 키우고 싶다면 다음의 에티켓을 지켜주세요.

이끼 채집 시 지켜야 할 에티켓

1. 이끼가 경관 자원이 되는 장소에서는 채집하지 말아 주세요.

2. 경관적 가치가 별로 없는 장소라도 이끼를 다 채집하지 말고 일부는 남겨두세요. (남겨 두어야 다음에 또 필요할 때 이끼를 얻을 수 있습니다.)

3. 한 번 채집을 한 장소에는 1~2년 정도는 가지 말고, 회복할 시간을 주세요.

4. 이끼 채집 장소는 가급적 공유하지 말아주세요. (여러 사람이 다니면 이끼는 사라집니다.)

5. 소유주의 허락 없이 사유지에서 함부로 이끼를 채집하는 것은 금지입니다. (법적인 문제가 될 수 있으니 꼭 주의하세요.)

6. 판매 목적으로 이끼를 채집하는 것은 불법입니다.

*허가받은 장소에서의 자연임산물채취업 종사자만이 채집 판매가 가능합니다.

아파트 화단에 자리고 있는 이끼

담벼락에 자라고 있는 이끼

보도블록 틈 자라고 있는 이끼

처음부터 멀리 가지 말고 가까운 곳에서부터 이끼를 만나러 가봅시다. 이끼의 종류는 전 세계적으로 22,000여 종이라고 알려져 있는데, 새로 보고되는 종류가 많아서 그 수는 계속 늘어나고 있습니다. 남극에서 사막까지 다양한 환경에서 살 수 있도록 적응해 온 이끼는 우리 주변에서도 잘 적응하며 살고 있답니다. 그렇다면 도심 속 이끼들은 주로 어디에서 볼 수 있을까요? 보도블록 틈, 오래된 콘크리트 바닥 혹은 배수구 주변 등 이끼가 좋아하는 환경을 가진 곳에서 볼 수 있습니다.

이곳 뿐만 아니라 도심 속에서 하루 중 대부분 그늘이 지는 곳, 항상 축축하거나 건습이 반복되는 곳에서 종종 이끼가 발견되기도 합니다. 특이하고 다양한 공간에서 살고 있는 이끼들을 한번 만나볼까요?

아파트 화단

10년 이상 된 아파트 단지 화단은 이끼 천국입니다. 갓 지어진 신축아파트는 이끼가 정착할 시간이 부족해 거의 없고 있더라도 종류가 제한적입니다. 하지만 10년 정도 되면 나무도 우거져서 숲처럼 시원하고 촉촉한 곳이 많이 생깁니다. 지어진 지 오래된 아파트들은 보통 건물 북쪽 화단에 일 년 내내 그늘이 있어 이끼가 잘 자라며, 년수도 오래되었기 때문에 다양한 종류의 이끼들이 자리를 잡고 있는 모습을 볼 수 있습니다. 아파트 화단에서 볼 수 있는 이끼의 예로는 주름솔이끼, 털깃털이끼, 양털이끼, 아기양털부리이끼, 아기들덩굴초롱이끼, 쥐꼬리이끼, 윤이끼, 꼬마이끼, 참꼬인이이끼, 침작은명주실이끼, 가는철사이끼, 우산이끼등이 있습니다. 이끼가 정착하기 위해 최소 5년이라는 시간이 필요하기 때문에 갓 지어진 신축아파트엔 이끼가 거의 없고 있더라도 종류가 제한적입니다.

담벼락이나 보도블록 틈

도심에서는 건물이나 가로수 등으로 그늘이 지는 곳, 사람의 발길이 뜸한 곳의 축대 담장이나 보도블록에서 이끼들이 살고 있습니다. 지나가다 이런 곳들이 눈에 들어올 때 유심히 보면 콘크리트의 갈라진 곳을 유난히 좋아하는 담뱃잎이끼, 은이끼, 가는참외이끼 등을 만날 수 있습니다.

가까운 공원이나 조경시설

공원도 아파트 화단처럼 이끼가 살기 적합한 환경을 갖춘 곳이 있을 가능성이 있습니다. 특히 인공폭포나 연못처럼 물이 흐르게 꾸며진 곳을 잘 살펴보면 이끼를 만날 수 있습니다. 이곳에서 볼 수 있는 이끼는 아파트 화단에서 보는 종들과 비슷합니다. 이끼를 보기 위해 가장 중요한 것은 그늘이니 건물이나 큰 나무 등 그늘이 지는 곳을 살펴보세요.

가정집이나 카페 정원

가정집이나 카페에선 조경을 위해 이끼를 쓰기도 하고 자연발생적으로 자라는 경우도 있습니다. 우리나라에서 조경용으로 주로 많이 쓰는 이끼는 단연 서리이끼입니다. 그밖에도 꼬리이끼나 솔이끼를 쓰기도 합니다. 남의 집이라면 함부로 들어가기 어렵겠지만 카페 정원이라면 차 한 잔 하고 나서 이끼가 있는지 둘러보시는 것도 좋을 것 같습니다.

가까운 공원이나 조경시설

이끼 정원

나무 밑동　　　　　　　　　　　　　　나무 주변

바위 주변　　　　　　　　　　　　　　산비탈이나 급경사면

뒷산 산책로

집 근처에 낮은 산이나 산책로가 있다면 여기서도 이끼를 찾아볼 수 있습니다. 산책로 주변의 나무 밑동, 바위 주변, 또는 산비탈이 깎여서 절벽처럼 된 곳을 찾아보면 이끼를 발견할 수 있습니다.

집 근처의 낮은 산에서 주로 볼 수 있는 이끼는 주름솔이끼, 들솔이끼, 억새이끼, 양털이끼, 아기양털부리이끼 등이 있고 나무 밑동에는 넓은잎윤이끼, 바위에서는 흰털고깔바위이끼 등을 볼 수 있습니다.

계룡산 국립공원

변산반도 국립공원의 직소폭포

덕유산 국립공원의 구천동 계곡

산은 눈 돌리는 곳마다 이끼가 있다고 해도 과언이 아닐 정도로 곳곳에 다양한 이끼가 있습니다. 이끼를 일일이 보면서 걷다 보면 남들이 1시간에 갈 거리가 3시간이 넘게 걸리는 경우도 흔합니다.

낮은 산지

더 대형이거나 다양한 종류의 이끼를 보고 싶다면 큰 산으로 가야 합니다. 우리나라에서는 국립공원이나 도립공원으로 지정된 명산들을 생각하면 됩니다. 체력이 약해 높은 산에 올라가기 힘든 분들도 걱정하실 필요가 없습니다. 굳이 높이 올라가지 않아도 탐방로 입구부터 1~2시간 정도 거리만 살펴보더라도 그 산에 살고 있는 대부분의 이끼를 만나실 수 있습니다.

산에서 이끼를 찾을 때 계곡을 끼고 올라가는 등산로를 선택하는 것이 좋습니다. 습기를 머금은 바람이 불어 이끼가 살기 적당한 환경을 제공하기 때문입니다. 등산로 한쪽에 계곡이 있고 그 반대쪽에는 산의 경사면과 물이 흐르는 도랑 같은 것이 있는 경우가 많은데, 그 부분에도 이끼가 많기 때문에 자세히 살펴볼 필요가 있습니다.

지역마다 볼 수 있는 이끼가 조금씩 다르긴 하지만, 큰 산에서 볼 수 있는 이끼는 다양합니다. 앞서 말씀드린 집주변의 이끼를 포함하여, 뱀밥철사이끼, 구슬이끼, 덩굴초롱이끼, 큰잎덩굴초롱이끼, 줄미선초롱이끼, 납작맥초롱이끼, 아기초롱이끼, 봉황이끼, 벼슬봉황이끼, 솔이끼, 큰솔이끼, 산솔이끼, 너구리꼬리이끼, 가는흰털이끼, 큰꼬리이끼, 꼬리이끼, 비꼬리이끼, 톳이끼, 흰털고깔바위이끼와 각종 태류 등 다 열거할 수 없을 만큼 개성 있고 다양한 종류의 이끼를 볼 수 있습니다.

높은 산지(아고산지대)

해발 800m이상의 아고산지대로 올라가면 새로운 종류의 이끼를 만날 수 있습니다. 높은 지대에서는 위쪽의 사진처럼 위로 쭉쭉 뻗은 침엽수림을 볼 수 있고 더 올라가다 보면 키가 작은 나무들이 많은 관목림지대도 나타납니다. 참나무나 단풍나무로 주로 이루어진 산 아래의 활엽수림과는 확연히 다른 모습입니다. 이런 곳을 아고산지대라고 부릅니다. 아고산지대는 낮은 지대의 기후와 달리, 겨울이 길고 여름에도 시원합니다. 때문에 이미 아고산지대의 적응한 이끼들은 낮은 곳에서 보던 것과는 조금 다르고 특이합니다. 또한 한라산이나 지리산처럼 높은 산에 올라가다 보면 높이에 따라 식생 분포가 달라지는 것을 느낄 수 있습니다.

아고산지대에서도 역시 물이 흐르는 곳 근방에서 이끼를 많이 볼 수 있습니다. 여기서 자라는 이끼는 더위에 약하니 혹시 키우게 된다면 여름을 주의해야 합니다.

아고산지대에서 주로 볼 수 있는 이끼는 나무이끼, 깃털나무이끼, 곧은나무이끼, 그늘들솔이끼, 큰들솔이끼, 큰겉굵은이끼, 꽃송이이끼 등이 있습니다.

나무 아래서 자라는 이끼들

돌에서 자라는 이끼들

Ch3.

실내에서 이끼키우기

1 이끼 검역방법

이끼를 검역합시다

 자연에서 가져온 이끼는 수많은 벌레의 쉼터입니다. 실내에서 키우는데 이런
벌레들이 있어서는 안 되겠죠?

검역 방법

1. 물 세척 Ⅰ : 샤워기처럼 여러 줄기로 나오는 물에 이끼를 씻어줍니다.

2. 구연산 검역 : 구연산과 물을 1:15 비율로 섞고 이끼를 5분간 담가줍니다.

3. 물 세척 Ⅱ : 깨끗한 물로 검역한 이끼를 헹궈줍니다.

4. 케어박스에서 육성 : 검역을 끝낸 이끼들을 케어박스에 넣고 육성해줍니다.

물에 24시간 담가두기
위 과정에서 3번 과정 이후 24
시간 물에 담가 두어 혹시 모
를 벌레와 잔여 구연산을 확실
하게 제거해줍니다. 이 과정은
생략하셔도 됩니다.

케어박스 만들기 1

습도를 머금는 환경을 이해한다면 이끼가 자랄 수 있는 케어박스를 만들 수 있습니다. 검역한 이끼가 실내에서 잘 자랄 수 있도록 케어박스를 세팅해보세요.

* 준비물
리빙박스 (다양한 사이즈 활용 가능)
야자 숯
피트모스
검역한 이끼

1. 리빙박스에 숯을 깔아줍니다.
* 숯은 배수구멍이 없는 리빙박스에 고인 물을 썩지 않게 해주는 역할을 합니다.

2. 숯 위에 피트모스를 5cm 정도 깔아줍니다.
* 피트모스는 약산성 환경을 조성해 주고 습도를 머금어 이끼들이 잘 자랄 수 있는 환경을 조성해 주며 곰팡이 억제에 도움을 줍니다.

※ 케어박스 관리법 •
케어박스는 직광이 들지 않는 밝은 곳에 두고 25℃가 넘지 않도록 관리해줍니다. 뚜껑이 있어 수분이 잘 증발하지 않으므로 일주일에 한 번 정도만 이끼의 상태를 보고 가볍게 분무해줍니다.

3. 검역한 이끼를 종류별로 세팅해줍니다.

4. 이끼와 겉흙이 젖도록 가볍게 분무질해줍니다.

5. 뚜껑에 구멍을 20~30개 정도 뚫어 반통기 환경을
조성해줍니다.

6. 실내의 밝은 조명 밑이나 북향의 베란다에 배치해 줍
니다.

케어박스 만들기 2

테이크아웃 컵을 활용해 작은 사이즈의 이끼를 담을
케어박스를 만들어보세요.

* 준비물

테이크아웃 컵
숯
피트모스(컵 크기에 맞게)
검역한 이끼

리빙 박스 만드는 방법(숯-피트모스-이끼)과 같은 순
서대로 제작해줍니다.

케어박스 만들기 3

흙 없이 이끼만 사용해서 케어박스를 만들 때는 직립
형 이끼를 이용하세요. 하단부가 두꺼운 직립형 이끼는
흙이 없어도 육성할 수 있습니다.

* 준비물

리빙박스
검역한 이끼(직립형)

케어박스에 직립형 이끼를 그대로 넣어 관리해줍니다.

3 이끼를 위한 실내 환경 조성하기
- 빛, 온도, 물과 습도, 환기, 병충해

빛 주기

실내에서 이끼를 키울 때 이끼는 어두운 곳에 산다는 생각은 잊어야 합니다. 자연에서 이끼들이 자라는 곳을 보면 습하고 어두워 보이지만 사실 조도 1,000~10,000lux정도로, 다양한 환경에서 생각보다 밝게 유지되는 반사광이 높은 장소들입니다. 그에 비해 실내는 생활공간 기준 조도가 200~500lux 정도로 이끼가 자라기에는 부족한 조도를 가지고 있습니다. 이끼 사육에는 최소 1,000lux이상은 유지해주는 것이 좋습니다. 실내의 천장 등으로는 1,000lux가 쉽게 나오지 않기 때문에 조명을 달아주거나 밝은 베란다에서 키워 주면 좋습니다.

네임모스 스튜디오의 이끼 축양 환경은 자연 간접광, 조명 밑 등 조도가 3,000~20,000lux 정도를 유지하면서 이끼 종류별로 다양한 환경에서 육성하고 있습니다. 창을 한 번 거친 반 차광 햇빛은 2~3시간 정도는 보약이기 때문에 가끔 햇볕은 쫴주는 것도 좋습니다. 다만 여름철 뜨거운 햇빛을 맞으면 이끼들이 녹을 수도 있으니 피해 주세요.

*자연광의 조도
- 밝은 날 직광 : 50,000~100,000lux
- 밝은 날 응달 : 10,000~20,000lux
- 구름 낀 날 : 20,000~50,000lux
- 비오는 날 : 8,000~20,000lux
- 창을 거친 반차광 햇빛 : 20,000~50,000lux
- 북향 베란다의 반사광 : 5,000~10,000lux

*네임모스 스튜디오 실내 이끼 육성 환경 조도 (실온기준)
- LED 케어박스 환경 (조명거리 30cm, 10,000k 백색등 기준) : 6,000~10,000lux
- 북향 베란다의 반사광 사육 환경(흐린 날-밝은 날) : 5,000~10,000lux

– 비바리움 사육 환경 (최대 조명거리 60cm, 10,000k 백색 LED등 + 식물생장용 LED기준) : 어두운 곳 1,000~3,000 밝은 곳 6,000~10,000lux

– 테라리움 사육 환경 (조명거리 30cm, 10,000k 백색등 기준) : 5,000~7,000lux

조명은 LED, PL, 삼파장등 모두 사용해도 됩니다. 삼파장등이 자연광과 가장 가까운 파장을 가지고 있어 식물에게 좋지만 에너지 효율이 좋지 않고 이끼, 양치식물 키우는 정도는 LED, PL등으로 충분하여 에너지 효율과 빛 효율이 좋은 LED를 추천합니다.

* 파장대별 식물 생장

200~280nm (UVC) : 식물에 유해

280~315nm (UVB) : 식물의 색깔이 흐려지게 한다.

315~380nm (UVA) : 식물 성장에 유해하지도 이롭지도 않다.

380~400nm : 가시광선의 시작

400~500nm : 광합성이 가장 활발

520~610nm : 녹색 파장, 식물이 흡수하지 못하고 모두 반사.

잎이 녹색으로 보이는 이유

610~720nm : 개화, 결실에 강한 영향을 준다.

720~1,000nm : 개화, 발아에 영향, 엽록소에는 거의 흡수되지 않는다.

1,000nm~ : 열로 바뀜 (적외선)

온도 관리

이끼 생육 온도는 0~25℃, 생장이 활발한 적정온도는 18~25℃입니다. 전반적으로 시원하게 관리를 해야 곰팡이, 벌레, 잎 무름 등이 잘 발생하지 않고 이끼가 건강하게 자랄 수 있어요. 이끼에게 30℃ 이상의 고온은 위험합니다. 수분을 저장할 뿌리, 줄기, 잎 등이 일반 식물들처럼 발달하지 않았기 때문에 이런 변화에는 직격으로 피해를 입을 수 있습니다. 습도 100%의 환경이 조성되어도 온도가 높지 않으면 이끼는 잘 살아갑니다. 하지만 고온 다습한 환경이 조성되면 이끼가 급격하게 갈색으로 변하거나 곰팡이, 잎 무름 등이 발생하여 돌이킬 수 없게 됩니다. 이끼는 늘 시원하게 관리해주세요.

환기

이끼는 환기를 자주 해주는 것이 좋습니다. 닫혀 있거나, 구멍을 뚫고 뚜껑을 덮어 놓은 이끼는 분무해준 뒤 한두 시간 정도는 뚜껑을 열어 환기를 시켜주세요. 수분을 머금고 있는 상태에서 환기해주면 이끼도 마르지 않고 공기도 순환 되어 좋습니다.

병충해, 이끼 관리

이끼가 검은색, 갈색으로 변하거나 거미줄 같은 게 생긴다면 다시 되살릴 수 없습니다. 보통 너무 어두운 환경이거나 물이 고여 과습일 때 이런 경우가 발생합니다. 따라서 이끼를 자주 관리할 수 없는 환경이라면 바닥재의 높이를 높게 하여 고인 물로부터 이끼를 멀리 띄워 주시면 됩니다.

거미줄 같은 것은 응애일 수도 있고 다른 거미줄을 치는 애벌레, 작은 거미일 수도 있습니다. 환경이 덥고 습하면 가끔 발생하는데 처음부터 없는 경우는 발생하지 않고 흙이나 이끼에 알이나 벌레가 남아있었을 경우에 발생합니다. 그럴 경우 이끼를 덩어리 채 건져내 샤워기 물로 세척을 해준 뒤 하루 정도 물속에 담갔다가 다시 세팅해주세요. 완벽히 제거할 순 없기에 그래도 살아남는 벌레들이 있습니다. 물과 구연산을 15:1의 비율을 맞추어 이끼를 3~5분 정도 담갔다가 빼주고 물로 이끼를 세척한다면 효과를 볼 수 있습니다.

이끼에게 물을 줍시다! 물과 습도의 차이 알기

물에 닿아 있어야 자라는 이끼 : 물 주변에서 자라는 '미니삼각모스(물 가고사리이끼)'

물에 닿아 있어야 자라는 이끼 : 물 주변에서 자라는 '프리미엄 모스'

물에 닿아 있어야 자라는 이끼 : 물속에서 자라는 '피시덴 모스'

케어박스 물주기는 이끼가 건조할 때 이끼만 젖을 정도로 분무를 해줍니다. 반 통기 환경이기 때문에 수분증발이 느리기 때문입니다. 일주일에 한 번 확인하며 수분을 보충해주면 됩니다. 물을 많이 주면 물이 고이게 되어 흙도 상하고 이끼에게도 좋지 못한 환경이 됩니다. 수분 보충은 습도를 올려주는 느낌으로 분무질 해주는 것이 좋습니다.

물이 직접 이끼에게 닿는 것과 습도가 높은 것은 조금 다르답니다. 물긴가지이끼, 물가고사리이끼 등 흐르는 물 주변에 사는 이끼들에게는 물이 직접적으로 닿아 있어야 잘 자랄 수 있습니다. 아무리 습도100%가 유지되어도 이끼가 직접 물에 닿아있어야 마르지 않고 자랍니다. 그래서 물 주변에 사는 '물가'나 '물'이 이름에 들어가 있는 이끼 대부분은 수중화가 가능합니다.

육지에 사는 이끼들은 대부분 직접 물에 계속 닿아 있기보다는 높은 습도가 유지되는 것이 좋습니다. 물이 계속 닿아있으면 웃자라거나 과습으로 시들어버리니 종류별 환경을 잘 파악하고 이끼에게 물을 주는 것이 굉장히 중요합니다.

물가에 자라는 이끼는 흙보다는 자갈으로 바닥을 구성하거나 아무것도 넣지 않고 물에 반 정도 담기도록 관리하는 것이 좋습니다. 물론 습도도 높아야 합니다. 그리고 물을 주기적으로 교체 해주는 방법으로 이끼를 케어해주면 됩니다.

톡토기를 아시나요?

– 테라리움, 비바리움에 있으면 좋은 생물, 톡토기 키우기!
　(영상이 있는 파트입니다. 유튜브 '비오토프 갤러리')

톡토기를 아시나요? 톡토기(스프링테일)는 자연에서 유기물을 분해해주는 분해생물, 정화생물입니다. 이 작은 생물은 일반 화분에서도 쉽게 발견되는데 일반 사람들에게는 해충으로 여겨지지만 사실 곰팡이, 유기물 등을 먹어주어 환경을 깨끗하게 유지해주는 이로운 생물이기도 하고 비바리움, 팔루다리움을 꾸밀 때 필수적으로 들어가는 생물이기도 합니다. 케어박스나 테라리움에 넣어주면 곰팡이가 생기지 않고 싱그러운 테라리움을 유지할 수 있게 도와줍니다.

톡토기 늘리기! 톡토기 사육 통 만들기

모든 이끼가 동일한 환경에서 사는 건 아닙니다. 하지만 실패요소가 덜하고 이끼들이 비교적 잘 자랄 수 있는 환경을 만드는 것은 중요하겠죠. 이끼를 위해서 한 번 따라해보세요.

※ 톡토기 얻는 방법
톡토기는 인터넷 개인 분양으로 분양받으실 수 있습니다.

* 준비물
플라스틱 통
야자 숯
피트모스
톡토기

1. 준비된 플라스틱 통에 야자 숯을 2cm 정도 깔아줍니다.

2. 야자 숯 위에 피트모스를 3~5cm 정도 깔아줍니다.

3. 기존에 키우고 있던 톡토기를 새로 만든 통에 털어줍니다.

*톡토기 사육통 세팅을 하고 난 뒤 이끼 덩어리나 작은 나무 조각을 넣어주면 톡토기를 옮길 때 편하답니다.

4. 톡토기는 육안으로 대략 30~40마리 정도만 옮겨주면 됩니다.

*한 달 정도면 바글바글해집니다.

5. 피트모스가 촉촉하게 젖도록 분무해주세요.

6. 톡토기가 먹을 유기물을 소량 넣어줍니다. 물고기 사료, 곡물가루 등을 2주 간격으로 넣어줍니다.

*물고기 사료 한 알을 2주에 한 번씩 넣어주고 있습니다.

이끼 테라리움 만들기

1 작은 이끼 세상
– 모이면 모일수록 더 매력적인
코르크병을 이용한 이끼 보틀리움 만들기
(영상이 있는 파트입니다. 유튜브 '비오토프 갤러리')

* 준비물

코르크병, 야자 숯, 모래, 피트모스

* 사진 속 이끼

비단이끼, 구슬이끼(직립성 이끼를 추천합니다.)

*관리법

– 처음에 물을 준 뒤 뚜껑을 열지 않는다면 물을 계속 주지 않아도 됩니다. 하지만 가끔 환기를 시켜주는 것이 이끼에게 좋기 때문에 주에 한 번 10분정도 환기 시켜주세요. 몇 번 환기를 시켜주다 이끼 끝이 마를 때 분무질 한 번만 해주면 습도가 보존됩니다. 배치는 밝은 곳, 조명이 좋은 곳(2,000~10,000lux), 시원한 곳(25℃ 이하가 적당)에 해주시면 됩니다.

*코르크병 테라리움은 크기가 작기 때문에 병 내의 온도 변화가 심합니다. 여름철 창가 주변 같은 곳은 피해 주세요!

1. 보틀리움에 야자 숯을 넣어줍니다.
*배수 구멍이 없는 코르크병 같은 구조에는 숯을 넣어 배수층을 필수적으로 만들어 주는 것이 좋습니다.

2. 모래를 넣어줍니다. 다양한 색의 모래로 층을 만들면 더 예쁘게 꾸밀 수 있습니다.
*지형을 만들어서 식재해도 예쁩니다.

3. 이끼 덩어리를 넣고 핀셋으로 살살 눌러주면서 이끼를 얹어 주듯 식재합니다.
*가장자리를 잘 눌러줘야 모양이 예쁘게 잡힙니다.

4. 다른 코르크 속에는 구슬이끼를 손톱 크기 정도로 떼어내 미니멀한 느낌으로 병 중앙에만 식재합니다.
*핀셋으로 잘 고정시켜 주세요.

5. 또 다른 병엔 뭉쳐있는 비단이끼를 모두 분리시켜 촉 단위로 나누어서 식재합니다.

6. 촉 단위로 나눈 비단이끼로 중앙에 라인을 만들어 줍니다.

7. 중앙 라인 외 부분에 구슬이끼를 채워 넣어 비단이끼와 구슬이끼가 함께 자랄 수 있게 만들어 줍니다.
*위와 같은 방식으로 여러 이끼를 이용해 다양한 코르크병 테라리움을 만들고 모아주세요.

8. 물을 이끼와 겉흙이 촉촉할 정도로 분무해 준 뒤, 뚜껑을 닫고 밝고 시원한 곳에서 키워줍니다.

2 컵 속의 테라리움
– 집 안의 와인 잔과 간단한 재료들을 이용해
테라리움 만들기

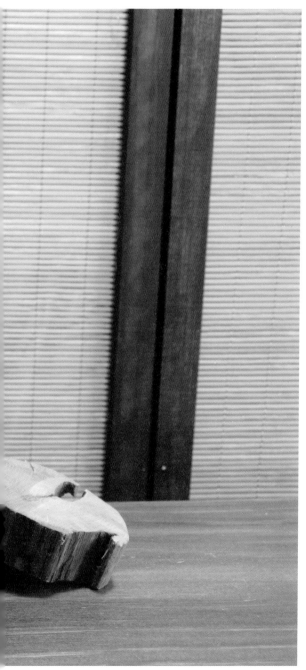

* 준비물

와인 잔 3개
야자 숯
화산사
모래
이끼

*관리법

– 조명이 좋은 곳에 배치해서 이끼가 더욱 돋보이게 해주세요.
물이 고이면 이끼에게 좋지 않기 때문에 이끼만 젖도록 가볍게
자주 주는 것이 좋습니다.

관리가 어렵다면 비닐 랩으로 입구를 막고 볼펜으로 구멍을
3~5개 정도 뚫어주면 관리가 쉽습니다. 입구에 맞는 유리, 아
크릴 뚜껑을 만들어도 좋습니다.

1. 와인 잔을 깨끗이 씻고 야자 숯을 1~2cm
깔아준 뒤 그 위에 모래, 화산사, 피트모스를
순서대로 깔아줍니다.

2. 비단이끼의 갈색 부분을 가위로 잘라내며
다듬어 줍니다.

3. 와인 잔에 다듬은 이끼를 넣고 가장자리를
손가락이나 핀셋으로 살살 눌러줍니다.

4. 비단이끼 뒤쪽에 꼬리이끼를 섞어서 심어
줍니다.

5. 비단이끼와 꼬리이끼 사이에 모래로 길을 만들어 디자인해줍니다.

6. 피트모스가 보이는 부분이 깔끔해 보이도록 모래를 깔아 줍니다.

7. 분무질로 벽에 묻은 모래를 정리하고 이끼도 촉촉하게 젖도록 해줍니다.

8. 와인 잔 테라리움은 여러 개가 함께 있을 때 더욱 예쁘답니다. 각 와인 잔에 예쁘게 디자인해 한 곳에 모아보세요.

이끼 테라리움 만들기 **65**

3 내 방의 작은 정원
– 화산석과 둥근 유리 용기를 이용해
이끼 테라리움 만들기

* 준비물

둥근 유리 용기
야자 숯
펄라이트 또는 화산사
피트모스
화산석
이끼

*관리법

- 밝고 시원한 곳에 배치해주세요. 조명을 하나 달아주는 것을 추천해 드립니다. 분무질은 가볍게 자주! 물이 고이면 좋지 않아요. 관리가 어렵다면 비닐 랩으로 입구를 막고 구멍을 10개 정도 뚫어주면 일주일에 한 번 정도만 분무질을 해줘도 괜찮습니다.

1. 야자 숯을 2~3cm 깔아준 뒤, 배수층을 확
보하기 위해 펄라이트 또는 화산사를 깔아줍니
다.
*배수층은 높을 수록 좋지만, 화분의 크기와 레이
아웃을 생각해야 하니 적당히 깔아주세요.

2. 피트모스를 3~5cm 깔아주고 화산석으로
레이아웃을 해줍니다.
*이곳저곳 옮겨 보면서 자신이 원하는 그림을 만
들어 보세요.

3. 비단이끼와 꼬리이끼를 사용해 빈 곳에 식
재해줍니다.
*이끼 사용 전에 약한 샤워기 물로 한 번 헹궈서
사용하시면 좋습니다.

4. 이끼를 모두 식재했으면, 핀셋이나 젓가락
같은 도구를 이용해 손이 잘 닿지 않는 부분의
이끼를 다듬어 줍니다.
*될 수 있으면 이끼의 갈 색부분이 드러나지 않게
해주는 것이 좋습니다.

5. 전면부에 모래를 깔아줍니다.

6. 이끼와 겉흙만 젖을 정도로 골고루 분무해
줍니다.

7. 깨끗한 천으로 닦아주면 이끼 테라리움이
완성됩니다.

8. 완성된 작품을 조명과 함께 배치해 주면 완
성된 작품을 조명과 함께 배치하면 훨씬 더 좋
은 인테리어 효과를 낼 수 있습니다.
*조명의 색, 스팟 조명인지 확장형 조명인지에 따
라 분위기가 확 달라집니다.

4 깊은 산속 한 장면 같은 테라리움

– 유목과 양치식물을 사용하여 테라리움 만들기
(영상이 있는 파트입니다. 유튜브 '비오토프 갤러리')

* 준비물

밀폐형 유리 용기, 야자 숯, 화산사, 피트모스, 모래,
유목, 후마타 고사리

* 사진 속 이끼

가는흰털이끼, 들솔이끼, 구슬이끼

*관리법

– 코르크병과 똑같은 밀폐 환경이지만 훨씬 많은 공기층을 가
지고 있어 이끼들이 더욱 건강하게 자랍니다. 밀폐형 테라리움
은 온도 변화에 민감하기 때문에 온도 변화가 적은 시원한 실
내조명 밑에서 키우는 것을 권장하며 환기는 2~3일에 한 번 정
도씩 1~2시간 시켜주면 좋습니다. 분무질은 일주일에 1~2번
이끼만 젖도록 가볍게 해줍니다. 박웅택 작가는 낮에는 뚜껑을
열어 두고 밤에는 닫아 관리하고 있습니다. 뚜껑을 열어놓을
때는 가볍게 분무질을 해줍니다.

1. 깨끗하게 씻은 유리 용기 속에 야자 숯을
2~3cm 정도 깔아주고 배수층으로 화산사를
2~3cm 깔아준 후 손으로 한번 정리해줍니다.
*화산사가 아닌 자갈이나 굵은 소일도 상관없습
니다.

2. 피트모스를 넣고 자신이 원하는 지형을 만
들어준 뒤 사용하고 싶은 유목을 골라 여기저
기 놓아보면서 원하는 레이아웃을 만들어줍니
다.

3. 레이아웃이 완성되면 분무질로 피트모스를
적셔주고 유리에 묻은 흙도 씻어줍니다.

4. 후마타 고사리를 소분하여 원하는 곳에 식
재해줍니다.
*이끼를 먼저 심어도 되고 식물을 먼저 심어도 됩
니다.

5. 들솔이끼 갈색 줄기 부분을 잘라내 원하는 곳에 식재해 주고 구슬이끼를 중앙부에 식재해 줍니다.

6. 상단부분은 가는흰털이끼(비단이끼)로 채워 줍니다.

7. 손이 닿지 않는 곳은 핀셋이나 젓가락 같은 것으로 살살 눌러주면서 모양을 잡아주면서 곳곳에 있는 빈틈을 채워줍니다.

8. 제일 하단부는 여울모래로 데코해준 뒤 완성된 테라리움 안에 분무질을 해 이끼와 모래를 정리해주며 마무리합니다.

5 심플 내추럴 사각 유리 테라리움
- 풍경석을 사용하여 사각 테라리움 만들기

* 준비물

유리 용기
풍경석
야자 숯
화산사
피트모스
비단이끼
들덩굴초롱이끼

*관리법

– 단일 조명을 설치해주는 것을 권장하며 다른 테라리움과 동일하게 시원하고 밝은 곳에서 촉촉하게 관리해주시면 됩니다. 아크릴이나 유리로 뚜껑을 만들어 올려주면 훨씬 더 관리가 편하고 이끼들이 예쁘게 자랄 거예요. 톡토기도 있다면 넣어주는 것을 추천합니다.

1. 야자 숯을 2~3cm 깔아주고 배수층으로 화산사를 깔아줍니다. 펄라이트나 난석, 굵은 자갈을 깔아주셔도 됩니다.

2. 피트모스를 2~3cm 깐 뒤 풍경석을 이곳저곳 놓아보며 마음에 드는 위치에 배치해줍니다.

3. 배치된 풍경석 뒤나 옆, 위 틈에 피트모스를 채워 넣어줍니다.

4. 케어박스에서 건강하게 육성 중인 이끼를 가져와 피트모스가 깔린 부분을 이끼로 가득 채워 줍니다.
*풍경을 표현할 때는 가능한 동일한 종의 이끼를 사용하는 것이 색감이나 질감의 통일성이 이루어져 좋습니다.

5. 돌 사이 빈틈에도 이끼를 심어줍니다.
*돌 주위에는 돌을 타고 자라는 포폭성 이끼(들덩굴초롱이끼)를 식재해주면 나중에 돌을 타고 자라나는 멋진 모습을 볼 수 있습니다.

6. 이끼 식재가 끝나고 분무질로 정리를 해줍니다.

7. 정리된 이끼 틈에 레이아웃에 맞는 작은 식물(콩짜개덩굴)을 식재하고 마무리합니다.

6 식충식물 테라리움
– 보기만 해도 신비로운
식충식물 테라리움 만들기

* 준비물

사각 수조
비동면 식충식물
이끼
피트모스
야자 숯
화산석
유목

*관리법

– 식충식물들은 물과 빛을 굉장히 좋아합니다. 조명을 꼭 설치
해주시고 구멍을 뚫은 투명 아크릴, 유리 덮개를 제작해주세
요. 물은 정말 가끔 한 달에 한두 번 정도만 주시되 피트모스가
늘 축축할 수 있게 유지 해줘야 합니다. 끈끈이주걱에게 윗물
을 자주 주면 점액들이 씻겨 내려가서 컨디션이 나빠지기 때문
에 흙의 수분으로 키우는 것을 추천합니다.

1. 기존에 작업했던 것보다 숯을 두껍게 깔아줍
니다.

2. 피트모스+펄라이트를 물에 푹 적셔 1차로
깔아줍니다.
*식충식물을 소재로 상용할 때는 양분이 적고 약
산성 토양을 만들어주는 피트모스가 필수적입니
다.

3. 유목과 돌을 수직적으로 배치해줍니다.

4. 배치를 끝낸 유목과 돌 뒷부분에 피트모스
를 추가로 채워주고 골고루 물을 부려줍니다.

5. 모양을 유지하고 싶은 곳에는 직립성이끼 (비단이끼)를 사용하고 옆으로 번졌으면 하는 부분에는(유목, 돌 주변) 포복성 이끼를 식재해 줍니다.

6. 전체적인 모습을 계속해서 체크해주면서 작 업해줍니다.

7. 끈끈이주걱(스파툴라타, 풀첼라, 피그미, 프 리티로제트)과 벌레잡이 제비꽃(에쎌리아나, 모라넨시스)총 6종을 원하는 위치에 식재해줍 니다.

8. 식충식물을 식재하고 난 뒤 빈 곳을 이끼로 채워줍니다.

7 식물과 동물이 공존하는 미니 팔루다리움

- 물과 육지가 함께 있는 작은 자연 만들기

(영상이 있는 파트입니다. 유튜브 '비오토프 갤러리')

* 준비물

25하이큐브 수조, 습계형 식물, 이끼, 유목, 화산석, 화산사, 소일, 모래, 7w수중펌프, 수중히터, 여과재, 폴리나젤 여과스펀지

* 비바리움

테라리움에 동물이 함께 사는 형태

* 팔루다리움

비바리움에 물 공간이 있는 형태

*관리법

– 팔루다리움에는 동물이 있기 때문에 먼저 그 동물에 맞는 관리를 해줘야 합니다. 매일 분무해주기, 조명 8시간 틀어주기, 온도 26℃ 맞춰주기, 2주일에 한번 30% 환수해주기, 먹이 주기 등 식물만 있는 테라리움에 비해서 훨씬 더 신경 써야 할 부분들이 많아요. 하지만 더욱 자연에 가깝고 생동감 있어서 한번쯤 도전해 볼만한 분야라고 생각합니다.

1. 물과 육지가 될 부분, 여과박스의 크기, 물이 흐를 공간 등을 고려해 유목을 배치해줍니다.

2. 유목 레이아웃 제일 구석의(구석에 여과 박스를 두는 것이 선 정리도 쉽고 가리기 쉽습니다.) 크기를 재고 포맥스3t를 이용해 수중펌프, 히터기가 들어가는 여과박스를 만들어 줍니다.
*만드는 방법은 유튜브 '비오토프 갤러리' 25하이큐브 미니팔루다리움'영상을 참고해 주세요.

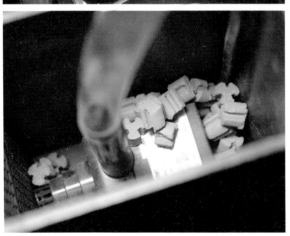

3. 여과 박스에 여과제를 가득(뚜껑이 닫히는 정도까지만) 채워줍니다.

4. 물이 늘 여과 된다고 해도 배수층은 필수로 만들어 주는 것이 좋기 때문에 빈틈을 굵은 화산사로 채워줍니다.

5. 배수층을 만든 화산사와 소일등의 유실을 방지하기 위해 폴리나젤 스펀지로 틈들을 막아 줍니다.

6. 어느 정도 작업이 끝났으면 펌프 전원을 연결하고 물이 흐를 위치를 잡아줍니다.
*물이 잘 나오는지, 다른 문제는 없는지 식물을 심기 전 체크해주세요.

7. 자리를 잡으면 물의 세기를 줄이기 위해 출수구에 스펀지 여과기를 끼워 물이 부드럽게 흐르도록 해줍니다.

8. 모래로 물 속을 채워줍니다.

9. 지상부에 소일을 원하는 높이만큼 채워줍니다.

10. 물이 직접 닿지 않는 지상부에 양털이끼, 윤이끼, 흰털이끼, 구슬이끼, 꼬리이끼를 식재해줍니다.

11. 물이 닿는 부분에는 프리미엄모스와 미니삼각모스를 가볍게 올리듯이 식재해줍니다.
*온라인 수족관이나 가까운 수초전문 수족관에서 분양받을 수 있습니다.

12. 이끼로 가득 찬 느낌을 주기 위해 유목의 일부를 제외한 나머지를 빽빽하게 식재해줍니다.

13. 물이 흐르는 부분에는 활착을 잘하는 프리미엄 모스를 식재해줍니다.

14. 생명력이 강한 '아누비아스 나나'를 얹어 출수구의 스펀지를 가려줍니다.

15. 식재가 끝나면 깨끗한 물로 교체해주고 1주일에서 2주일간 생물없이 여과기를 작동시켜 물 속의 여과사이클을 만들어줍니다.
*물잡는 법을 검색해서 알아두시는 것을 추천합니다.

16. 물잡이가 끝나면 마지막으로 뱀파이어크랩 미니를 비바리움에 풀어준 후 높은 습도를 위해 유리 뚜껑으로 반 정도 가려주어 습도와 환기를 관리해줍니다.

실내에서 이끼키우기
한눈에 보기

온도관리

- 온도는 시원하게! 25℃ 전후로 관리해주세요.

조명

- 조명은 밝게! 이끼를 위한 조명을 달아주면 이끼도 좋고 플랜테리어 효과도 볼 수 있답니다.
- 조명은 일반 LED백색등, PL등, T5등 다 괜찮습니다.

물주기

- 이끼가 늘 촉촉함이 유지되게 관리해주세요. 배수 구멍이 있다면 물을 자주 주어도 되지만 배수 구멍이 없는 테라리움의 형태라면 이끼만 젖도록 가볍게 자주 분무해주시거나 뚜껑을 만들어 습도를 유지해 주세요.

환경

- 이끼에게 좋은 환경 순서 : 완전 오픈에서 습도가 유지되는 환경 > 반 통기, 습도 유지 > 밀폐
- 관리가 쉬운 순서 : 밀폐 > 반 통기 > 통기

통기	반 통기	밀폐

관리 어려움		관리 쉬움

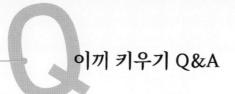

이끼 키우기 Q&A

Q1. 일반 스탠드 조명을 써도 되나요?

네 됩니다. 공부용 책상등, LED등, 삼파장등, 모두 사용 가능합니다. 이끼와의 거리는 30~50cm 정도 유지하면 됩니다.

Q2. 식물생장용 등은 필수인가요?

아닙니다. 일반 LED백색등, T5등을 더 많이 사용합니다. 작품에는 식물 생장용등을 사용하지 않습니다. 식물 생장용 조명은 마젠타 빛이 돌기 때문에 작품 색이 오묘하게 변해버려요. 백색등이 이끼의 색이 제일 예쁘게 나타나니 그냥 백색등 사용하시면 됩니다. 관상이 목적이 아닌 육성을 위한 케어박스 같은 경우는 식물 생장용 등을 사용하고 있답니다.

Q3. 이끼 검역은 필수인가요?

검역하면 벌레가 생기지 않아서 좋지만, 이끼의 컨디션은 안한 상태가 더 좋습니다. 외부 작품에 사용하는 이끼는 그대로 사용하고, 실내에 사용하는 이끼는 검역해서 사용해주세요. 저는 개인 작품할 때는 검역하지 않고 물 세척만 깨끗하게 해서 사용할 때도 있습니다.

Q4. 이끼의 수명은 어떻게 되나요?

이끼는 계속해서 자라고 번지기 때문에 자르고 번식시키고 한다면 평생 두고 볼 수도 있다고 생각합니다. 식물도 그렇듯 이끼도 트리밍을 해주며 관리를 해주어야 합니다. 꾸준히 관리해 준다면 죽지 않는 한 계속 두고 볼 수 있을 겁니다. 시드는 부분은 다른 이끼로 쉽게 교체가 되어 이것 또한 이끼 키우기의 매력이랍니다.

Q5. 이끼 작품에 식물을 꼭 함께 심어야하나요?

심어주는 것이 좋습니다. 이끼 테라리움 대부분이 배수 구멍이 없는 유리 용기입니다. 물을 빠져나갈 구멍이 없어 물이 고여서 썩어버릴지도 모르기 때문에 뿌리가 있는 식물을 함께 심어 흙 속의 물을 이용해 썩지 않게 해주는 것이 좋습니다. 대신 높이가 낮고 생긴 것이 은은하며 물을 좋아하는 식물을 심어주므로 이끼와의 조화를 맞추어 줍니다.

Q6. 습도를 좋아하는 이끼인데 왜 항상 과습으로 죽는다고 하나요?

이끼는 정말 다양한 환경에서 다양한 종들이 자라고 있습니다. 공통점은 습도를 좋아한다는 것이지만, 원하는 습도, 직접 닿는 물, 온도, 빛의 양 모두 다릅니다. 직접 물을 맞는 걸 좋아하는 이끼, 습도가 높은 걸 좋아하는 이끼, 물에 항상 닿아있어야 하는 이끼 등 요구하는 습도의 방식이 다 다릅니다. 이끼가 과습으로 죽었다는 질문을 받아보면 대부분 털깃털이끼나 서리이끼입니다. 이 두 종은 환기가 정말 중요해서 밀폐된 테라리움에는 적합하지 않은 종입니다. 서리이끼 같은 경우 햇빛에 자라는 양지이끼입니다. 이처럼 이끼의 종에 맞는 습도, 빛, 환기를 그 이끼가 사는 곳의 환경을 잘 파악해서 맞추어 주어야 합니다.

이끼를 활용한 여러가지 디자인

테라리움이 아니더라도
이끼를 이용한 디자인은
다양합니다.
이끼를 메인으로 디자인한
정혜원, 이은정님의
디자인을 공개합니다.

01~14까지는 정혜원님,
15~28까지는 이은정님의
작품입니다.
모던한 느낌 혹은
아기자기 느낌 등
취향에 맞는 디자인을
감상해 보세요.

1 유리 용기와
노랑설란

유리 용기에 비단이끼와 노랑설란을 사용해 시원한 여름을 표현했다.

소재 비단이끼, 노랑설란, 마사토, 분갈이 흙, 강모래(화장토)

2 수반에 담긴 강가

화이트 대형 수반에 비단이끼와 함께 철원꽃창
포를 사용해 강가 주변의 모습을 표현했다. 다
양한 화장토를 사용하면 경치를 화분에 표현하
는데 용이하다.

소재 비단이끼, 철원꽃창포, 마사토, 분갈이 흙,
강모래(화장토)

3 기왓장에 담긴
이끼와 아디안텀

기왓장 모양의 화기에 비단이끼(가는흰털이끼)와 아디안텀을 사용해 모던한 정원의 모습을 담았다.

화장토를 사용하면 화분 흙은 건조상태를 확인할 수 있어 디자인뿐만 아니라 실용 면에서도 좋다.

소재 비단이끼, 아디안텀, 마사토, 분갈이 흙, 후지사(화장토)

4 와이어메쉬 오브제와 코케다마

화분식물인 온시디움은 수태(물이끼) 에서 키울 수 있는 식물이다. 뿌리를 수태로 감싸고 외측에 한번 더 이끼로 감싸 준 후 코케다마를 와이어메쉬 오브제에 넣어 디자인했다.

소재 온시디움, 이끼, 수태, 철사, 다래덩굴

5 유리 용기에 담은
촉촉한 숲속

화산석과 이끼를 사용해 깊은 산 속에 어우러진 돌과 이끼를 표현했다.

소재 이끼, 화산석, 마사토, 분갈이 흙

6 검정벽돌과 이끼

검정 벽돌을 조각내어 기하학적인 형태를 만들어 낸 후 이
끼와 함께 유리 용기에 담았다.

소재 이끼, 마사토, 검정 벽돌, 후지사(화장토)

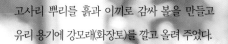

7 고사리 코케다마

고사리 뿌리를 흙과 이끼로 감싸 볼을 만들고
유리 용기에 강모래(화장토)를 깔고 올려 주었다.

소재 이끼, 고사리, 강모래(화장토)

8 이끼와 계곡

대형 수반에 깨끗하게 씻은 굵은 마사토를 넣어주고 계곡의 분위기를 연출하기 위해

돌과 이끼를 담았다. 물을 좋아하는 워터코인도 함께 넣어주었다.

소재 비단이끼, 워터코인, 마사토, 돌

9 화분에 담은 풍경

작은 화분에 돌과 비단이끼 그리고 한라꽃창포를 담아
아담한 경치를 느낄 수 있도록 만들었다.

소재 비단이끼, 한라꽃창포, 마사토, 분갈이 흙

10 잔디 머리 모스

분재 화기에 자라난 모양 그대로의 원의 모습을 담아주기
위해 중앙에 담고 강모래(화장토)로 주변을 마무리했다.

소재 이끼, 마사토, 분갈이 흙, 강모래(화장토)

11 에그스톤과 비단이끼

에그스톤과 비슷한 패턴을 가진 화기에 에그스톤과 비단이끼를
올려주어 동글동글하고 귀여운 분위기를 만들어주었다.

소재 비단이끼, 에그스톤, 마사토, 분갈이 흙

12 이끼로 만든 행잉화분

성긴 철망으로 만든 반구의 행잉 오브제에 이끼가 밖에서 보이도록
안쪽에 이끼를 넣어주고 흙이 빠지지 않도록 식물을 심어 주었다.

소재 이끼, 디시디아(멜론), 립살리스, 분갈이 흙

모스와 테라리움을 결합해 만들어진 모스리움이다.
유리 용기에 작은 모스 정원을 만들어 디자인했다.

소재 비단이끼, 마사토, 분갈이 흙, 강모래(화장토)

14 자스민과 비단이끼

자스민의 넝쿨 라인과 화기 그리고 비단이끼의
조화로운 모습을 표현했다.

소재 비단이끼, 자스민

15 미리내(은하수)

태극 모양의 그릇을 이용해 은하수를 표현했다. 비싼 돈을 들이지 않고 주위에서 다양한 용기를 재활용해 이끼를 디자인했다.

소재 도자기 수반, 마사토, 금사, 미니어처, 이끼

16 청정지역

유리 용기 안에 작은 무인도를 표현했다. 공기정화 효과가 있는 이끼로
미세먼지를 없애고 실내공간을 청정지역으로 만들 수 있다.

소재 유리 용기, 마사토, 금사, 자연석, 미니어처, 산호, 조개껍질류, 이끼

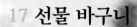

17 선물 바구니

선물받은 꽃바구니의 나무상자를 재활용해 공기정화 식물인
이끼를 식재했다. 사무실 인테리어나 선물용으로 적합하다.

소재 나무상자, 마사토, 금사, 자연석, 미니어처, 이끼

18 하모니

자연과 인간이 모두 잘 어우러진 삶을 표현하고자 플라스틱 수반에 색을 입히고 레진으로 선을 그려 수반 디자인을 마무리 짓고 이끼와 돌로 어레인지했다.

소재 플라스틱 수반, 마사토, 괴목, 금사, 자연석, 미니어처, 이끼

과일을 담은 원목 트레이 용기를 사포로 벗겨 낸 후 왁싱을 통해 멋진 인테리어 소품으로 탈바꿈시켰다.
이끼와 돌만 올려도 심플하고 멋스러운 작품을 완성할 수 있다.

소재 원목트레이, 마사토, 괴목, 금사, 자연석, 이끼

반으로 나눈 유리 용기 속 이끼를 이용해 넓은 들판을 표현했다.
삭막한 사무실 공간에 나만의 힐링 포인트를 만들어 보자.

소재 유리 용기, 마사토, 금사, 자연석, 미니어처, 이끼

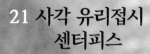

주방에서 사용하지 않는 유리접시 위에 소량의 이끼와

식물로 공원을 표현했다.

소재 유리접시, 마사토, 금사, 자연석, 미니어처, 이끼

디자인 이은정

22 유리 용기 센터피스

공중걸이 식물로 많이 키우는 박쥐란을 유리 용기 안에 색다르게 연출했다.
반양지와 반음지인 거실과 사무실에 키우기 적당한 테라리움 작품이다.

소재 박쥐란, 유리 용기, 비단이끼, 산호석, 씻은 마사토,
맥반석, 숯, 배양토, 넬솔, 금사, 자연석, 미니어처

액세서리를 보관하는 보석함에 방수 처리를 해 이끼를 식재하고
미니어처를 넣어 디자인했다.

소재 보석함, 비단이끼, 씻은 마사토, 넬솔, 금사, 자연석, 미니어처

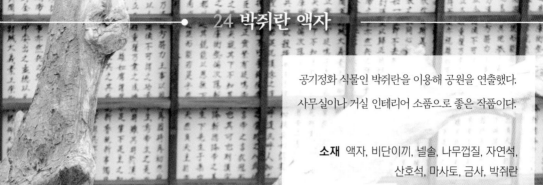

공기정화 식물인 박쥐란을 이용해 공원을 연출했다.
사무실이나 거실 인테리어 소품으로 좋은 작품이다.

소재 액자, 비단이끼, 넬솔, 나무껍질, 자연석,
산호석, 마사토, 금사, 박쥐란

25 이상한 나라의 앨리스

아이들이 좋아하는 이상한 나라의 앨리스 찻잔 속에 이끼를 식재했다.

소재 찻잔, 금사, 넬솔, 이끼

26 라온(즐거운)

와인 잔 속에 이끼를 경사지게 식재해 이끼 썰매장을 연출했다.

소재 와인 잔, 마사토, 금사, 자연석, 미니어처, 넬솔, 이끼

27 가온누리

장난감 자동차에 미세먼지 제거와 공기 정화 능력이 뛰어난 이끼를 심플하게 식재했다.

소재 장난감 자동차, 마사토, 금사, 미니어처, 넬솔, 이끼

28 휴의(休意)

모두에게 편안한 쉼의 시간이 다가오길 바라며 플라스틱 케이스 위에 여유로운 작은 목장을 연출했다.

소재 플라스틱 케이스, 단이끼, 체리세이지, 황금세덤류, 씻은 마사토, 맥반석, 자연석, 넬솔, 미니어처

부록

미
니
도
감

주름솔이끼

학명   *Atrichum undulatum*
일본명   ナミガタタチゴケ(나미가타타치고케)

아파트 화단에 흔하게 분포한다. 산지에서도 해발
이 낮은 곳부터 높은 곳까지 두루 발견된다. 식물체
의 크기는 보통 2~3 ㎝ 정도이다. 들솔이끼와 크기
나 모양이 비슷하지만 잎에 물결모양의 주름이 있
는 것이 특징이다.

그늘들솔이끼

학명   *Pogonatum contortum*
일본명   コセイタカスギゴケ(코세이다카스기고케)

아고산지대의 사면에서 쉽게 찾아볼 수 있다. 줄기
가 비스듬하게 아래 쪽을 향하고 있는 것이 특징이
다. 식물체의 길이는 10㎝ 정도로 큰편이다.

아기들솔이끼

학명 *Pogonatum inflexum*
일본명 コスギゴケ(코스기고케)

 다소 습한 밭둑, 길가, 임도 주변에서 볼 수 있다. 햇볕이 잘 드는 곳을 선호한다. 들솔이끼와 비슷하지만 잎의 길이가 짤막한 편이고, 건조 시 잎이 심하게 구부러져서 엉킨다. 키는 1~5cm 정도이다.

들솔이끼

학명 *Pogonatum neesii*
일본명 ヒメスギゴケ(히메스기고케)

 간혹 집 주변에도 발견되지만 보통은 산지의 산책로 주변에서 주로 발견된다. 빽빽한 숲속보다는 하늘이 보이는 밝은 곳에서 자라고, 흔히 억새이끼와 섞여 자란다.

산솔이끼

학명 *Polytrichastrum alpinum*

일본명 ミヤマスギゴケ(미야마스기고케)

산지의 경사진 땅 위, 혹은 흙이 약간 덮인 바위 위에 모여 자란다. 식물체의 크기는 4~10cm 정도이다. 솔이끼보다 비교적 건조한 곳에서 산다.

솔이끼

학명 *Polytrichum commune*

일본명 ウマスギゴケ(우마스기고케)

산지의 물기가 축축한 점토질 토양에 모여 자란다. 해가 잘 들지만 여름에도 온도가 많이 올라가지 않는 시원한 곳에서 발견된다. 식물체의 크기는 10~20cm 정도로 매우 크다.

큰솔이끼

학명 *Polytrichum formosum*
일본명 オオスギゴケ(오오스기고케)

산지의 반음지 땅이나 흙이 약간 덮인 바위 위에
모여 자란다. 생육지나 모양이 산솔이끼와 비슷하나
잎의 폭이 약간 더 넓고 줄기에 잎이 촘촘히 달린다.

● 2 담뱃대이끼과

보리알이끼

학명 *Diphyscium fulvifolium*
일본명 イクビゴケ(이쿠비고케)

산지 계곡 주변의 다소 습한 땅 위에 모여 자란다.
보리알 모양의 삭과 까락모양의 암포엽이 특징이다.

벼슬봉황이끼

학명   *Fissidens dubius*

일본명   トサカホウオウゴケ(토사카호우오우고케)

산지의 부식토 위나 그늘지고 습한 바위 곁에서 주로 보인다. 식물체의 크기는 1~4㎝ 정도로 일반적이나. 산지 계곡 주변에서 보이는 것은 거의 다 벼슬봉황이끼이다. 자세히 보면 잎에 주름이 약간 있다.

봉황이끼

학명   *Fissidens nobilis*

일본명   ホウオウゴケ(호우오우고케)

바위에 붙은 채로 물에 반쯤 잠겨서 자라기 때문에 겨울에도 물이 얼지 않는 따뜻한 남부지방에서 주로 보인다. 식물체의 크기는 5~10㎝ 정도이다. 자생하는 봉황이끼속 중에서는 가장 크다.

• 4 금실이끼과

금실이끼

학명	*Ditrichum pallidum*
일본명	キンシゴケ(킨시고케)

산지의 부식토나 큰 나무의 뿌리 근처에 반구 형태로 모여 자란다. 억새이끼보다 잎이 길어 털뭉치 같은 느낌이 든다. 5월에 삭이 금실같은 삭병과 함께 빽빽하게 나온다. 식물체의 길이는 1~1.5cm 정도이다.

• 5 새우이끼과

새우이끼

학명	*Bryoxiphium norvegicum*
일본명	エビゴケ(에비고케)

산지 계곡의 바위 곁에 대규모로 군락을 이루며 자란다. 새우이끼가 있는 곳에서 흔히 고란초가 관찰된다. 가늘고 긴 형태를 하고 있으며, 줄기 끝부분의 잎이 길게 뻗어나와 새우의 수염을 연상시킨다. 식물체의 크기는 1~3cm 정도로 작다.

6 꼬리이끼과

붓이끼

학명   *Campylopus sinensis*

　다소 건조한 바위나 부식토에 모여 자란다. 저지대
에서 아고산대까지 두루 분포한다. 말린 붓을 필통
에 꽂아놓은 것 처럼 잎이 빳빳하게 바깥으로 뻗어
있다. 줄기는 높이 2~6cm 정도이다.

억새이끼

학명   *Dicranella heteromalla*
일본명 ススキゴケ(스스키고케)

　산지의 길가 주변의 경사면이나, 썩은 나무 등걸
등에서 흔하게 발견된다. 지상부의 크기가 1cm 정도
로 작고 잎도 가늘어서 빽빽하게 모여 자라면 융단
같은 느낌을 준다.

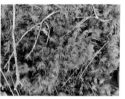

꼬리이끼

학명   *Dicranum japonicum*

일본명   シッポゴケ(싯뽀고케)

  산지의 반음지 부식토에 털뭉치처럼 모여 자란다.
줄기는 위로 서거나 비스듬하게 되며 길이는 10~12cm
정도이다. 잎은 가늘고 긴 모양이고 줄기의 모든 잎들
이 한쪽 방향으로 휘어 있다.

큰꼬리이끼

학명   *Dicranum nipponense*

일본명   オオシッポゴケ(오오싯포고케)

  산지의 반음지 부식토 또는 돌틈에 모여 자란다.
다른 꼬리이끼류와 달리 윤기가 없고 초록의 촉촉한
느낌이다. 잎도 넓은 편이고 별로 휘지 않고 빳빳하
다. 식물체의 크기는 2~5cm 정도이다.

비꼬리이끼

학명   *Dicranum scoparium*
일본명   カモジゴケ(카모지고케)

　비교적 높은 산지의 바위 옆면이나 반음지 부식토에 모여 자란다. 윤기가 있으며 꼬리이끼보다 잎이 더 가늘고 길다. 식물체의 크기는 2~10cm 정도이다.

7 흰털이끼과

가는흰털이끼

학명   *Leucobryum juniperoideum*
일본명   ホソバオキナゴケ(호소바오키나고케)

　산지의 큰 나무 뿌리 주변이나 절벽 밑에서 반구형의 큰 덩어리를 만들면서 자란다. 잎의 양 옆 가장자리가 아래쪽으로 말려있어 침처럼 뾰족한 모양으로 보인다. 촉촉할 때 녹색이다가 건조하면 흰색이 짙어진다. 반구형태 덩어리의 두께는 2~5cm 정도이다.

8 침꼬마이끼과

꼬마이끼

학명   *Weissia controversa*
일본명   ツチノウエノコゴケ(츠치노우에노코고케)

해가 잘 드는 길가에 모여 자란다. 줄기의 높이가 5mm 정도로 매우 작은 이끼이다. 흔히 참꼬인이이끼와 같이 자라는데, 참꼬인이이끼보다 색이 더 짙은 녹색이고, 잎모양도 좁고 길쭉하다. 암수한그루여서 삭이 많이 생긴다.

참꼬인이이끼

학명   *Barbula unguiculata*
일본명   ネジクチゴケ(네지쿠치고케)

들이나 산지, 집 주변에서 가장 흔하게 관찰되는 이끼이다. 특히 봄, 가을 비 온 직후에 밝은 연두색으로 피어나 주변의 다른 녹색 이끼에 비해 눈에 잘 띈다. 식물체의 크기는 대부분 1cm 이하로 매우 작다.

담뱃잎이끼

학명　　Hyophila propagulifera

일본명　ハマキゴケ(하마키고케)

　주로 콘크리트 벽이나, 보도블록 틈 등 열악한 환경에서 자라고 있다. 잎이 넓고 주름이 있어 담뱃잎을 연상시킨다. 식물체의 크기는 대부분 1cm 이하로 매우 작다.

흙구슬이끼

학명　　Weissia crispa

일본명　ツチノウエノタマゴケ(츠치노우에노타마고케)

　들이나 밭두렁 또는 잔디밭 등에서 볼 수 있다. 특히 겨울에 다른 풀들이 누렇게 말라있는 사이에 연두색의 솜털같은 모습이 눈에 띈다. 잎 사이에 갈색의 구슬같은 삭이 달려 있다. 식물체의 크기는 보통 1cm 이하이다.

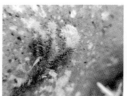

서리이끼

학명   *Racomitrium canescens*
일본명 スナゴケ(스나고케)

산지의 양지바른 바위 위나 모래가 많은 땅, 혹은 잔디밭 사이에서 발견된다. 잎이 투명하고 잎끝에 투명첨이 있어 서리가 내린 것처럼 반짝거리는 느낌이 있다. 식물체의 크기는 3~5cm 정도이다.

늦은서리이끼

학명   *Racomitrium japonicum*
일본명 エゾスナゴケ(에조스나고케)

산지의 양지바른 바위 위나 모래가 많은 땅에서 주로 발견된다. 서리이끼와 거의 비슷하나 약간 더 건조한 곳에서도 잘 살며 잎 모양이 톳이끼와 비슷한 삼각형이다.

돌주름곱슬이끼

학명　　*Ptychomitrium linearifolium*
일본명　ナガバチヂレゴケ(나가바치지레고케)

　산지의 건조한 바위에서 자주 목격된다. 건조하면
잎이 파마머리처럼 곱슬곱슬하게 말린다. 삭은 곧
추서고 삭병이 짤막해서 잎에서 많이 나오지 않는
다. 식물체의 크기는 2~4cm 정도이다.

흰털고깔바위이끼

학명　　*Grimmia pilifera*
일본명　ケギボウシゴケ(케기보우시고케)

　산지 계곡 주변의 양지바른 바위 위에 모여 자란
다. 건조하면 까맣게 보이고, 비를 맞아 촉촉해지면
솔이끼와 비슷한 모습이 된다. 잎 끝부분에 투명첨
이 길게 나와 있다. 식물체의 크기는 2~4cm 정도이
다.

표주박이끼

학명　　*Funaria hygrometrica*
일본명　ヒョウタンゴケ(효우탄고케)

주로 길가, 민가의 빈 터 등에 모여 자란다. 잎은 작고 난형에 끝이 뾰족해 철사이끼속과 비슷하며 보통은 표주박을 닮은 삭의 형태로 쉽게 알아볼 수 있다. 식물체의 크기는 1㎝ 이하이다.

풍경이끼

학명　　*Physcomitrium japonicum*
일본명　コツリガネゴケ(코츠리가네고케)

숲 가장자리, 시골집의 뒤뜰, 밭두렁 등에서 볼 수 있다. 동그란 컵 모양이 삭이 앙증맞고 예쁜 이끼이다. 식물체의 크기나 모양은 표주박이끼와 비슷하고 삭의 모양으로 구분가능하다.

11 참이끼과

은이끼

학명	*Bryum argenteum*
일본명	ギンゴケ(긴고케)

 산지의 개방된 곳, 콘크리트 벽, 민가의 빈터, 돌담 등에서 자주 발견된다. 해가 강하고 건조한 곳에 자랄 수록 반짝이는 은색이 너 선명하게 나타난다. 식물체의 크기는 보통 5~10mm 정도인데, 습한곳에서는 그 이상도 자란다.

가는참외이끼

학명	*Brachymenium exile*
일본명	ホソウリゴケ(호소우리고케)

 집 마당이나 보도블록 틈 등에서 흔하게 관찰된다. 식물체는 매우 작으며, 쿠션처럼 두툼하게 덩어리를 만들며 자란다. 잎의 크기가 1mm도 되지 않아 육안으로 형태를 식별하기 매우 어렵다.

노란참외이끼

학명   *Brachymenium nepalense*
일본명   キイウリゴケ(키이우리고케)

주로 산지의 습한 나무줄기에서 보인다. 잎이 넓으며 로제트형(장미꽃모양)으로 모여 있고, 잎 끝이 길게 돌출한다. 삭은 참외처럼 좁은 타원형이고 익으면 노랗게 된다. 식물체의 크기는 1cm 정도이다.

가는철사이끼

학명   *Bryum caespiticium*
일본명   ホソハリガネゴケ(호소하리가네고케)

산야의 밝고 습한 땅 위, 잔디밭 등에서 모여 자란다. 3월 경에 콩나물 같은 삭이 올라온다. 가는참외이끼와 비슷하게 생겼지만 잎의 크기가 2~3mm 정도로 훨씬 크다.

뱀밥철사이끼

학명   *Rosulabryum capillare*
일본명   ハリガネゴケ(하리가네고케)

산지 계곡 주변의 바위틈에 모여 자란다. 잎이
2mm 정도로 작고 끝이 뾰족하다.

큰꽃송이이끼

학명   *Rhodobryum giganteum*
일본명   オオカサゴケ(오오카사고케)

산지의 습한 부식토에서 자라는데, 우리나라에서
는 제주도 한라산에서 볼 수 있다. 줄기의 높이가
2~4cm 정도이고, 꽃송이의 지름이 2~3cm 정도로 상
당히 크다.

꽃송이이끼

학명 *Rhodobryum roseum*
일본명 カサゴケ(카사고케)

전국의 해발 1,000m 이상의 산에서 드물게 볼 수 있다. 크기는 큰꽃송이 이끼의 절반 정도이다.

•12 나무연지이끼과

나무연지이끼

학명 *Venturiella sinensis*
일본명 ヒナノハイゴケ(히나노하이고케)

산지 또는 시골 마을의 큰 나무 줄기에 모여 자란다. 가로수 등에서 흔히 관찰된다. 줄기는 기는 형태이며 잎이 작아서 잘 알아보기 어렵고, 독특한 모양의 삭으로 알아보게 된다. 삭의 크기는 1.5mm 정도이다.

아기초롱이끼

학명 *Trachycystis microphylla*
일본명 コバノチョウチンゴケ(코바노쵸우친고케)

냇가나 계곡 주변의 바위나 절벽에 사슬같은 느낌
으로 길게 자란다. 봄에 밝은 녹색의 새싹이 인상적
이며 여름이 지나면 이두운 녹색으로 변한다. 식물
체의 길이는 2~3㎝ 정도이다.

아기들덩굴초롱이끼

학명 *Plagiomnium acutum*
일본명 コツボゴケ(코츠보고케)

산지의 습한 바위 위 뿐만 아니라 집 주변의 땅에
서도 흔하게 볼 수 있다. 들덩굴초롱이끼와 거의 유
사해서 구분이 쉽지 않다. 암수딴그루여서 수그루를
볼 수 있고, 잎 끝이 들덩굴초롱이끼에 비해 뾰족한
좁은 편이다.

들덩굴초롱이끼

학명   *Plagiomnium cuspidatum*
일본명   ツボゴケ(츠보고케)

 산지의 습한 바위 위 혹은 습한 땅 위에서 자란다.
암수한그루여서 수그루가 생기지 않는다. 잎이 동글
동글한 편이다.

덩굴초롱이끼

학명   *Plagiomnium maximoviczii*
일본명   ツルチョウチンゴケ(츠루쵸우친고케)

 산지의 습한 바위 위 혹은 습한 땅 위에서 자란다.
잎이 5~8mm로 크고 넓으며 주름진다. 잎끝은 동글
고 가운데가 오목하게 들어가기도 한다.

큰잎덩굴초롱이끼

학명　　*Plagiomnium vesicatum*

일본명　オオバチョウチンゴケ(오오바쵸우친고케)

　산지 계곡의 습한 바위 혹은 땅 위에 모여 자란다. 들덩굴초롱이끼와 비슷한 모양이지만 잎이 5~8mm 로 훨씬 크다.

납작맥초롱이끼

학명　　*Mnium lycopodioides*

일본명　ナメリチョウチンゴケ(나메리쵸우친고케)

　산지 계곡 주변의 그늘진 바위, 혹은 고인 흙 위에 모여 자란다. 처음 돋을 땐 잎이 모여있다가 다 자라 면 잎이 좌우로 나란히 정렬하고, 잎 가장자리에 치 돌기가 뚜렷하다. 식물체의 크기는 2~3cm 정도이다.

줄미선초롱이끼

학명   *Rhizomnium striatulum*
일본명   スジチョウチンゴケ(스지쵸우친고케)

　산지 계곡 주변의 습한 바위 위나 바위 틈에 모여
자란다. 미선초롱이끼와 매우 비슷하여 육안 동정이
어려우나, 잎의 크기가 조금 더 크고 가죽질이다. 크
기는 1cm 정도이다.

미선초롱이끼

학명   *Rhizomnium punctatum*

　산지 계곡의 물이 닿는 바위 주변에 모여 자란다.
줄미선초롱이끼와 형태는 거의 비슷하나 크기가 약
간 더 작고, 잎 모양이 동글동글하며 투명감이 있다.
크기는 1cm 이하이다.

좁은초롱이끼

학명　　*Rhizomnium tuomikoskii*
일본명　ケチョウチンゴケ(케쵸우친고케)

　산골짜기의 바위나 절벽, 경사면에 모여 자란다. 초반에는 줄미선초롱이끼와 비슷한 모양이나 크기가 1~3cm 정도로 큰편이다. 자라면서 잎맥 주변에 흑갈색의 헛뿌리가 바글바글 달려 뚜렷이 구분된다.

· 14 **너구리꼬리이끼과**

너구리꼬리이끼

학명　　*Pyrrhobryum dozyanum*
일본명　ヒノキゴケ(히노키고케)

　산지 골짜기의 습한 바위나 경사진 부식토에 모여 자란다. 너구리꼬리처럼 북슬북슬한 느낌의 가는 잎과 줄기가 매력적이다. 식물체의 길이는 5~10cm에 이른다.

구슬이끼

학명　　Bartramia pomiformis
일본명　　タマゴケ(타마고케)

　산지의 그늘진 바위 아래, 나무뿌리 부근 등에 모여 자란다. 솔이끼와 비슷한 형태이고, 잎은 가늘고 긴 편이며 마르면 곱슬거린다. 겨울을 지나면 동그란 구슬 모양의 삭이 나온다. 식물체의 크기는 4~5cm 정도로 크다.

긴잎물가이끼

학명　　Philonotis lancifolia
일본명　　ナガバサワゴケ(나가바사와고케)

　주로 산지 계곡의 물기가 닿는 바위 겉이나, 물이 스며나오는 경사면 등에 모여 자란다. 물을 묻히면 스미지 않고 또르르 굴러떨어진다. 구슬이끼처럼 동그란 모양의 삭이 나온다. 식물체의 크기는 보통 2~3cm 정도이다.

•16 나무이끼과

곧은나무이끼

학명   *Climacium dendroides*
일본명   フロウソウ(후로우소우)

나무이끼와 생육지가 비슷하다. 크기는 나무이끼에 비해 작은 편이고, 줄기도 짧막하며 줄기 끝부분까지 위로 꼿꼿이 선다.

나무이끼

학명   *Climacium japonicum*
일본명   コウヤノマンネングサ(코우야노만넨구사)

아고산지대의 습기가 많은 부식토나 흙이 쌓이 바위 위에서 모여 자란다. 키가 5~10cm에 이를 정도로 대형종이다. 줄기 상부는 옆으로 뻗고, 잔가지가 많이 나와 나무 모양이 된다. 가지 끝부분으로 갈 수록 가늘어진다.

깃털나무이끼

학명	*Pleuroziopsis ruthenica*
일본명	フジノマンネングサ(후지노만넨구사)

　아고산지대의 부식토 혹은 너덜지대의 바위 위에서 발견된다. 나무이끼와 크기나 모양이 비슷하나, 가지가 가늘고 잎이 조금 더 작아 깃털같은 느낌을 준다.

─── ● 17 톳이끼과 ───

톳이끼

학명	*Hedwigia ciliata*
일본명	ヒジキゴケ(히지키고케)

　산지의 양지바른 바위 위에 군락을 이루면서 자란다. 주로 흰털고깔바위이끼와 함께 발견된다. 줄기에 잎이 달린 모습은 늦은서리이끼와 비슷하기도 하다. 톳이끼도 잎 끝에 투명첨이 있다. 서리이끼와 다른 점은 톳이끼는 잎맥이 없다.

18 깃털이끼과

깃털이끼

학명   *Thuidium kanedae*

일본명   トヤマシノブゴケ(토야마시노부고케)

　산지의 그늘진 바위나 땅 위에 넓게 퍼져서 자란
다. 가지가 3회 갈라져서 고사리 잎 같은 형태가 된
다. 인삼 등을 포장할 때 가장 많이 쓰인다.

나선이끼

학명   *Herpetineuron toccoae*

일본명   ラセンゴケ(라센고케)

　산지의 그늘진 바위나 절벽, 나무줄기 등에 모여
자란다. 마르면 개의 꼬리처럼 동그랗게 말린다. 식
물체의 크기는 2~4cm 정도이다.

침작은명주실이끼

학명   *Haplocladium angustifolium*

일본명   ノミハニワゴケ(노미하니와고케)

아파트 화단에서 흔하게 보인다. 특히 이른 봄에 붉은색의 삭병을 가진 삭이 올라오면 확실하게 알 수 있고, 여름엔 풀에 가려 거의 알아보기 어렵다.

● 19 버들이끼과

버들이끼

학명   *Amblystegium serpens*

일본명   ヒメヤナギゴケ(히메야나기고케)

습기가 많은 땅 위나 나무뿌리 부근, 또는 온실 안의 축축한 곳에서 자주 볼 수 있다. 뾰족한 모양의 잎이 가지에 달린 모양이 버드나무와 비슷하다. 잎의 크기는 1mm 정도이다.

쥐꼬리이끼

학명 *Myuroclada maximowiczii*
일본명 ネズミノオゴケ(네즈미노오고케)

물기있는 땅이나 바위, 나무뿌리 부근에 모여 자란
다. 잎이 줄기에 단단히 달라붙어 쥐꼬리같은 모습
이다. 습하면 끝이 가늘고 길게 자란다.

양털이끼

학명 *Brachythecium populeum*
일본명 ヒツジゴケ(히츠지고케)

산야의 바위나 땅 혹은 나무 뿌리 부근에서 퍼져
자란다. 집주변이나 아파트 화단에서도 흔하게 볼
수 있다. 잎 끝이 뾰족해서 전체적으로 양털같은 느
낌이 있다.

아기양털부리이끼

학명   *Rhynchostegium pallidifolium*
일본명   コカヤゴケ(코카야고케)

  뒷산 산책로 등의 비교적 밝고 촉촉한 땅이나 썩은 나무 표면 등에서 잘 자란다. 멀리서 보면 약간 건조한 느낌이 든다.

● 21 털깃털이끼과

털깃털이끼

학명   *Hypnum plumaeforme*
일본명   ハイゴケ(하이고케)

  산지 바위나 땅, 혹은 아파트 잔디밭 등에서 매트 모양으로 모여 자란다. 깃털이끼와 비슷하게 고사리 잎 같은 형태를 하고 있으나, 잎이 크고 뒤쪽으로 둥글게 말려서 전체적으로 두툼한 느낌이 있다. 해가 적당히 비치는 곳에서 잘 자란다.

 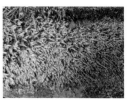

넓은잎윤이끼

학명 *Entodon challengeri*
일본명 ヒロハツヤゴケ(히로하츠야고케)

산지의 바위나 나무뿌리 근처 혹은 집 주변의 습한 땅 위에 모여 자란다. 가는윤이끼와 비슷하지만 잎이 더 넓고 둥근 모양이다.

가는윤이끼

학명 *Entodon sullivantii*
일본명 ホソミツヤゴケ(호소미츠야고케)

산지의 나무뿌리 부근이나 바위 등에서 많이 보인다. 넓은잎윤이끼와 거의 비슷하나 잎이 붙지 않고 약간 벌어져 있고, 전체적인 모습도 좀 가늘다.

23 산주목이끼과

산주목이끼

학명   *Plagiothecium nemorale*

일본명   ミヤマサナダゴケ(미야마사나다고케)

나무가 빽빽하게 우거져 어두운 느낌이 나는 산지
의 바위 위나 경사진 땅 위에 모여 자란다. 거의 모든
산에서 흔하게 볼 수 있다.

24 수풀이끼과

큰겉굵은이끼

학명   *Rhytidiadelphus triquetrus*

일본명   オオフサゴケ(오오후사고케)

아고산지대의 바위 혹은 부식토 위에서 주로 볼 수
있다. 식물체는 큰 편이며 줄기가 불규칙하게 많이
갈라진다.

25 물이끼과

물이끼

학명   Sphagnum palustre
일본명   オオミズゴケ(오오미즈고케)

   주로 고산습지 주변에서 발견되며, 간혹 습한 산지 사면이나 바위지대에도 모여 자란다. 식물체의 크기는 10~20cm 정도이다.

26 태류

우산이끼

학명   Marchantia polymorpha
일본명   ゼニゴケ(제니고케)

   집주변의 그늘지고 습한 땅에서 흔히 보인다. 태류의 대표적인 이끼이다. 암생식기탁이 우산모양이다.

패랭이우산이끼

학명   *Conocephalum conicum*
일본명   ジャゴケ(쟈고케)

산지 골짜기의 바위 아래쪽, 땅 위나 고목 등에서 자라며 민가 주변에서도 관찰된다. 암생식기탁이 팽이버섯처럼 자루가 길고 끝부분에 삿갓 모양으로 되어 있다.

리본이끼

학명   *Metzgeria lindbergii*
일본명   ヤマトフタマタゴケ(야마토후타마타고케)

산지의 나무뿌리 부근이나 습기 많은 바위에 붙어 자란다. 거의 규칙적으로 엽상체 끝이 2가닥으로 갈라진다.

침세줄이끼

학명   *Porella caespitans*
일본명   ヒメクラマゴケモドキ(히메쿠라마고케모도키)

산지의 반음지 바위 또는 나무 줄기에서 아래로 뻗은 나뭇가지 모양으로 자란다.

둥근날개이끼

학명   *Plagiochila ovalifolia*
일본명   マルバハネゴケ(마루바하네고케)

산지의 물기가 촉촉한 바위 위에서 아래쪽으로 비스듬하게 자란다. 잎이 넓고 끝에 뾰족한 치돌기가 있다.

Index

알고 보면 잘 보이는 이끼 이야기

실내에서 이끼키우기

발행일	2020년 10월 20일 초판1쇄 발행
	2024년 01월 15일 초판4쇄 발행
지은이	이선희·박웅택·정혜원·이은정
펴낸이	이지영
진 행	최윤희
디자인	Design Bloom 이다혜·김은별
펴낸곳	도서출판 플로라
등 록	2010년 9월 10일 제 2010-24호
주 소	경기도 파주시 회동길 325-22
전 화	02.323.9850
팩 스	02.6008.2036
메 일	flowernews24@naver.com

ISBN 979-11-90717-29-8